国家自然科学基金面上项目（51774289、52074291）资助

特厚煤层窄煤柱沿空巷道
变形机理与错层位布控研究

王鹏　王志强　苏越　刘会景　著

U0312925

应 急 管 理 出 版 社

· 北 京 ·

内 容 提 要

本书是研究特厚煤层窄煤柱沿空巷道围岩稳定控制的专著。本书深入研究了特厚煤层窄煤柱沿空巷道煤柱大变形与强烈底鼓失稳机理,指出了特厚煤层沿空巷道围岩控制的难点。从优化工作面巷道布置的角度,提出了特厚煤层沿空巷道错层位布控对策并进行了工程验证。针对窄煤柱沿空掘巷严重影响采掘接替的问题,提出了错层位窄煤柱双巷掘进与联合支护技术。

本书可作为煤炭类院校采矿工程专业师生的参考书,也可供煤矿工程技术人员、管理人员参考借鉴。

前　言

　　我国煤炭资源储量丰富,2022 年自然资源部发布的《中国矿产资源报告》显示,在能源生产结构中煤炭占 67.0%,2021 年煤炭产量为 41.3 亿 t,比 2020 年增长 5.7%,消费量 42.3 亿 t,同比增长 4.6%。在未来一段时期内,我国一次能源生产和消费以煤炭为主的格局基本不会改变。因此,安全、高效地开采煤炭资源,对实现煤炭行业的可持续发展具有重要的意义。据统计表明,我国厚煤层储量十分丰富,其中 6 m 以上煤层约占总储量的 45%,产量占比 45%~50%,遍及神东、蒙东、准东、吐哈、陕北、晋北等多个大型亿吨级煤炭基地。

　　在煤矿地下开采中,每年新掘巷道约 12000 km,其中回采巷道占比 80% 以上,其畅通与稳定是保障煤矿安全生产的必要条件。回采巷道围岩为煤层和沉积岩地层,其中煤层单轴抗压强度普遍小于 20 MPa,巷道顶底板单轴抗压强度多为 10~60 MPa,且岩体中还存在层理、节理、割理等结构面,所以围岩结构较为破碎、完整性较差。

　　窄煤柱沿空掘巷在提高煤炭回收率方面具有显著优势,但是巷道围岩受上工作面采动影响,其力学状态通常在巷道掘进之前就已经进入了峰后残余强度阶段,当再次受本工作面采动影响时,巷道往往出现严重影响安全生产的大变形。经过我国学者和工程技术人员多年的不断研究和探索实践,窄煤柱沿空巷道围岩控制技术已经在薄及中厚煤层中取得了较好的应用效果,围岩变形通常能得到有效的控制,但是在特厚煤层应用中,窄煤柱沿空巷道大变形稳定控制难题依然存在。

　　特厚煤层窄煤柱沿空巷道围岩特点与薄及中厚煤层相比,具有以下几方面的不同:一是巷道通常沿煤层底板掘进,巷道顶板为厚度较大的松软煤体,力学性质更差;二是特厚煤层一般采用综放开采,对巷道断面要求更大;三是薄及中厚煤层窄煤柱宽高比通常大于 1,而特厚煤层窄煤柱宽高比一般小于 1;四是综放开采一次采出空间大、上覆岩层活动强烈、采动影响范围广,导致巷道周边应力环境更为复杂。通过现场调研发现,特厚煤层窄煤柱沿空巷道失稳类型复杂，变形往往不局限于某一种变形特征，而是具有多重失稳性，巷帮大变形、顶板大变形普遍存在，底鼓问题也较为突出，最终造成窄煤柱沿空巷道围岩大变形强烈的局面。

虽然当前我国煤矿支护技术已经较为成熟，但仍难以控制特厚煤层窄煤柱沿空巷道围岩大变形，这和锚杆（索）与煤岩体耦合性差有关。煤柱支护方面，虽然采用了预应力锚杆（索），但煤柱劣化程度高，无法为支护体提供稳定的锚固基础，导致锚固端"生根"困难，最终锚固失效；又因窄煤柱宽度小，无法应用高预应力锚索，导致难以提供足够的支护力。底鼓治理方面，传统底板锚固成本高，施工困难，并且难以实现区域化治理。因此，需要从提高锚杆（索）与煤岩体耦合性及实现经济安全的区域性治理两个方面入手，提出行之有效的围岩控制技术。

作者认为要想实现特厚煤层窄煤柱沿空巷道围岩稳定控制，需要解决以下3个问题：①掌握窄煤柱沿空巷道受采动影响下的矿压显现特征及规律；②掌握沿空巷道上覆岩层结构特征、围岩应力分布规律，进而可以揭示窄煤柱沿空巷道大变形失稳机理；③基于前两点，不能局限于只确定合理的窄煤柱宽度，更重要的是利用特厚煤层厚度大的特点，通过改善沿空巷道与上工作面采空区之间的位置关系，进而提出更合理的沿空巷道布置方式。本书围绕特厚煤层窄煤柱沿空巷道变形机理与控制技术这一主题，采用统计调研的方法，总结梳理了特厚煤层窄煤柱沿空巷道围岩变形特征，结合理论分析计算和数值模拟，研究了沿空巷道失稳机理。同时，书中提出了错层位窄煤柱与负煤柱沿空巷道两种布控对策，并对控制原理进行了分析，工程试验中取得较好的应用效果。特厚煤层窄煤柱沿空巷道稳定控制难度很大，尽管作者及其团队在这一方面做了很大的努力，但依然有许多问题尚未解决。在此作者希望更多的专家学者一起相互借鉴、相互学习，以促进沿空巷道围岩稳定控制技术的发展。

参加本书编写的人员有王鹏（河北工程大学）、王志强（中国矿业大学（北京））、苏越（中煤科工集团北京华宇工程有限公司）、刘会景（乌鲁木齐职业大学）。感谢课题组耿新胜、李敬凯、武超、刘彬禹在本书编写过程中提供的帮助。

由于著者水平有限，书中不足之处，敬请读者批评指正。

著 者

2023 年 1 月

目　　录

1　沿空巷道围岩稳定控制研究现状

1.1　概述

煤柱是煤矿地下开采过程中，为了保证煤炭生产与安全而保留的暂时或永久不开采的煤体。煤柱类型有多种，包括地面建（构）筑物保护煤柱、隔离煤柱、护巷煤柱等。护巷煤柱包括大巷、集中巷、上下山及回采巷道保护煤柱，其中回采巷道保护煤柱又称为区段煤柱，受工作面采动影响最为强烈，其稳定性直接影响工作面的安全生产。按照区段煤柱留设方式不同，可以分为宽煤柱护巷和无煤柱护巷。当前特厚煤层开采中，还是以留设宽煤柱为主，显著影响了煤炭资源的回收率；另外，当宽煤柱留设不合理时，会引起应力集中，导致巷道大变形，出现冲击地压等灾害，威胁煤矿安全生产。

无煤柱开采是通过合理地布置工作面采掘顺序、巷道布置方式，取消或留设窄煤柱的一种方法，主要有沿空留巷与窄煤柱沿空掘巷两种方式。无煤柱开采的优越性主要表现为：消除煤柱引起的应力集中，使巷道处于应力降低区，有利于巷道维护；减少由煤柱集中应力引起的煤与瓦斯突出、冲击地压等动力灾害；显著减少巷道掘进量，降低矿井掘进率，有利于缓解采掘接续紧张；减少煤炭损失，提高煤炭资源回收率；改善采煤工作面通风系统，有利于解决瓦斯问题。

无煤柱开采技术起源于国外，苏联、德国、英国、波兰等国家很早就开展了这方面的技术研究与推广应用，但现在国外大多数国家已不搞无煤柱开采技术，他们放弃了资源回收率，选择了宽煤柱护巷技术或房柱式采煤。

我国无煤柱开采技术的研究与试验始于 20 世纪 50 年代。沿空留巷技术在应用初期基本局限于薄煤层，20 世纪 60 年代已在中厚煤层中进行了试验，进入 80 年代，我国引进了英德两国充填材料及泵送、风力充填工艺设备，并在此基础上进行了自主研发，进一步扩大了沿空留巷的应用范围。但是，随着我国采煤技术的快速发展，采煤工作面产量与推进速度大幅度提高，巷道断面显著增大，沿空留巷技术适应性逐渐下降。进入 21 世纪后，沿空留巷技术取得了新进展，但当前仍主要在中厚、厚煤层中推广应用，特厚煤层开采中鲜少应用。

沿空掘巷是沿上区段采空区掘进的巷道，根据工作面周围岩层结构特征与应力分布规律，沿空巷道应布置在煤层靠近采空区的应力降低区中。根据区段煤柱的宽度可以分为完全沿空掘巷与窄煤柱沿空掘巷（属于广义的无煤柱开采）。本书研究的是窄煤柱沿空掘巷技术中沿空巷道围岩稳定控制。通常将宽度大于 8 m 的区段煤柱称为宽煤柱，小于或等于

8 m 的区段煤柱称为窄煤柱，少数文献中也将特厚煤层中的 10 m 煤柱称为窄煤柱，但是 10 m 左右的煤柱能否称为窄煤柱还值得商榷，所以本书将宽度小于 8 m 的煤柱视为窄煤柱进行研究。窄煤柱沿空掘巷技术首先在中厚、厚煤层开采中逐步得到了成功应用，并在开滦、潞安、阳泉等多个矿区推广应用。将 20 m 左右的回采巷道护巷煤柱缩小至 2~3 m，现已在厚煤层开采中属于较为成熟的技术，但在特厚煤层应用发展缓慢，主要原因是巷道围岩大变形问题突出，控制措施鲜有成效，图 1-1 为特厚煤层窄煤柱沿空巷道所表现的强矿压显现特征。但不可否认的是，窄煤柱沿空掘巷技术在特厚煤层中具有广阔的应用前景，当前已在大同、平朔、巨野等多个矿区进行了试验研究。

(a) 赵固二矿 8 m 煤柱巷道　　　　　　　(b) 风水沟矿 6 m 煤柱巷道

图 1-1　特厚煤层窄煤柱沿空巷道强矿压显现特征

1.2　沿空巷道覆岩结构与运动规律研究现状

国内外学者经过不断的理论分析探讨、大量的物理相似模拟实验及长期现场实践经验总结，对采场和沿空巷道上覆岩层破断规律、结构及其稳定性进行了多方面研究，形成了一系列的相关理论和假说。国外具有代表性的主要包括悬臂梁假说（1867 年）、压力拱假说（20 世纪 50 年代）、预成裂隙假说（1947 年）及铰接岩梁假说（1950—1954 年）。我国学者在采场覆岩运动理论方面也取得了显著的成果。20 世纪 60 年代，钱鸣高院士提出了砌体梁假说，通过多年不断地完善形成了砌体梁理论，重点分析了关键块的平衡关系，提出了砌体梁关键块滑落与回转变形稳定条件。宋振骐院士提出了传递岩梁，建立了以岩层运动为中心的矿山压力理论，阐明对于基本顶岩梁的控制，可以采取"给定变形"和"限定变形"两种工作方式。以上理论对指导生产实践起到了重要作用。

基本顶的断裂位置的研究主要从"梁"与"板"两个角度进行了解析。以梁为模型方面，钱鸣高、赵国景等 ADDIN 将煤层视为 Winkler 弹性地基，建立了基本顶断裂前后受轴向压力半无限长平面应变量模型，研究了基本顶断裂前后岩梁变形和弯矩分布特征，分析了基本顶超前破断在岩体内引起的反弹现象。钟新谷等根据现场矿压数据，将坚硬顶板下部软岩视为弹性地基对不同载荷条件下基本顶破断前后特征进行分析，提出根据顶板反弹特点可判断基本顶断裂位置。李新元等建立端面力作用下弹性地基梁力学模型，推导了弹性地基梁的挠曲线近似表达式，阐述了工作面前方坚硬顶板断裂前后的能量变化。潘岳、顾士坦等将基本顶视为软化和弹性地基组合体建立力学模型，得到了顶板挠度方程形式解，结合算例证明了软化和弹性地基的基本顶破断位置与煤壁的距离更大，与实际更为贴近。钱鸣高、朱德仁等将基本顶视为"板"结构研究了基本顶在四种刚性支承基础边界条件下的初次破断形式，通过理论计算与相似模拟手段初步给出不同支承边界条件下基本顶的"O-X"破断形态。蒋金泉通过采用屈服线分析法系统探究了基本顶板刚性基础上周期断裂规律与形式，完善了基本顶破断规律与形式研究。杨胜利推导了中厚板理论模型，并给出了不同条件下基本假设和边界条件的变形与应力分布的理论解，得到了中厚板断裂位置求解公式。鉴于将煤层视为弹性地基更符合现场，陈冬冬建立了6类弹性地基边界条件的薄板力学模型，运用有限差分法计算得到了基本顶破断规律及其影响因素。无论是将基本顶简化为梁结构还是板结构，基本顶深入煤壁断裂都已经基本达成共识。

窄煤柱沿空巷道由于留设煤柱宽度较小，距离基本顶断裂位置较近，所以覆岩结构活动规律对沿空巷道稳定性具有重要影响。国外学者对于特厚煤层综放窄煤柱沿空巷道布置技术研究甚少，国内学者对沿空巷道上方岩层结构活动规律与应力分布特征的认识不断深入，取得了大量的研究成果。

朱德仁提出了基本顶破断后在长壁工作面端头上方会形成"三角形悬板"的观点，认识到沿空巷道的矿压显现特征与"三角形悬板"运动之间存在着密切关系。宋振骐等基于基本顶破断特征提出了内、外应力场理论，将侧向支承压力以基本顶断裂线为界分为内应力场和外应力场，基本顶断裂线与煤壁之间为内应力场，该范围内煤体仅承担断裂拱内岩层自重，基本顶断裂线至煤体深部为外应力场，该范围内煤体不仅需要承受覆岩压力，还要承担拱外传递过来的附加应力。何廷峻将三角形悬顶简化为条梁对破断结构进行分析，推导了基本顶岩梁在沿空巷道上方的断裂位置，基于此给出了滞后加固沿空巷道的时机。刘长友、马其华等通过对围岩应力观测分析和相似模拟实验，认为侧向支承压力峰值位置与放采比呈正相关性，沿空巷道稳定的前提是煤柱宽度小于极限平衡区宽度的一半。王卫军等研究认为综放沿空巷道围岩处于基本顶破断块给定变形的工作状态，从能量角度分析了巷道围岩变形机理。侯朝炯、李学华针对综放沿空巷道围岩结构特点提出了"大、小结构"的观点，沿空巷道上方一定范围内的煤岩层组成大结构，其中基本顶断裂后关键块形成铰接结构承担随动层载荷，以给定变形的方式作用于直接顶和煤层；小结构指的是锚杆与围岩形成的承载结构，该结构在围岩稳定控制中起到"支与让"的作用，"支"是需要小结构具有较强的承载能力，"让"是指需要小结构能够适应关键块B的二次回转下沉，该观点对得到了广泛认同，对沿空巷道的研究起到了重要作用。柏建彪在"大、小结构"的基础上，将关键块B视为弧形三角块，建立了稳定性力学模型，分别对弧形三角块在掘巷前、掘巷后的稳定条件进行了分析，认为巷道开挖不影响大结构的稳定，进一步分析了关键块在本工作面回采期间沿推进方向与倾斜方向的位态变化过程，认为大结构处于随机平衡状态，工作面推过后大结构会发生失稳。王红胜等根据基本顶的破断特征，提出了沿空巷道与基本顶关键块之间的 3 种位置关系，利用 UDEC 数值模拟分析了 3 种相对位置关系下的煤柱与锚杆响应特征，并在燕家河煤矿进行了工程验证。

1.3 沿空巷道变形失稳机理研究现状

窄煤柱沿空巷道与上工作面采空区紧邻，所处的围岩环境与应力环境区别于实体煤巷道，更为复杂。基于前节对覆岩结构和应力规律的研究，我国学者对窄煤柱沿空巷道失稳机理进行了多年的研究探索，取得了丰富的成果，推动了窄煤柱沿空巷道布置技术在中厚及厚煤层中的广泛应用，为后续研究特厚煤层窄煤柱沿空巷道失稳机理提供了良好的基础。

陆士良、侯朝炯等通过建立力学模型和现场实测得到了采空区实体煤侧应力分布及影响范围，为窄煤柱的留设宽度提供了依据，并阐述了煤柱宽度与围岩变形之间的关系，进一步结合覆岩活动规律提出了沿空巷道的合理开挖时机，这在后来指导了大量的现场实践。孙恒虎、漆泰岳等研究了基本顶断裂特征与活动规律，分析了关键块回转运动对沿空巷道围岩稳定性影响，基于此提出了沿空巷道破坏失稳机理。樊克恭分析了岩性、几何与工程应力三类弱结构巷道的围岩变形破坏特征，认为巷道破坏部位优先开始于弱结构处，并提出了弱结构体是巷道围岩稳定控制的关键布置。赵志强、马念杰等提出了蝶型破坏理论，认为非等压区域应力场的主应力比值增量引起了巷道围岩塑性区的扩展，巷道的破坏形态与围岩应力、性质及支护相关。黄万朋研究提出了岩层倾斜、层状与非均质性是深部巷道非对称变形的必要条件和根本原因，围岩流变及强扰动是围岩变形的主要原因。张蓓分析了掘进与回采两个阶段厚煤层小煤柱的受力特征和变形规律，认为本工作面侧向基本顶二次破断结构失稳是导致煤柱迅速破坏的关键原因。张源、张洪伟等通过现场钻孔观测顶板裂隙分布规律，指出上覆岩层运动非充分稳定条件下的基本顶断裂、回转和滑移是导致厚煤层小煤柱沿空巷道失稳根本原因，而认识基本顶破断规律及其关键块体的回转滑移也是控制非稳定覆岩下沿空巷道大变形的前提，这解释了迎采沿空巷道易大变形失稳的现象。张广超等根据综放沿空巷道顶板不对称变形特征，分析了其破坏灾变过程，认为松软煤柱承载能力小、巷道断面大、支护不合理等是内因，关键块结构回转下沉是外因，并针对性地提出了顶板不对称式锚梁结构调控系统。郑铮等采用偏应力第二不变量表征特性对沿空巷道顶板非对称失稳机理进行研究，提出了顶板非对称支护方案。贾后省等认为沿空巷道受采动影响条件下主应力方向发生偏转是导致巷道塑性破坏迅速扩展并呈非对称特征的主要原因。韩昌良等根据层状岩层的特性，通过相似模拟试验方法探究了顶板分层垮落对沿空巷道围岩的扰动与破坏，将覆岩关键岩层的变形分为挠曲下沉、旋转下沉以及压缩下沉，并指出巷道起伏变形与覆岩多次垮落有关，同时将影响围岩稳定性的覆岩由基本顶扩大至了裂隙带岩层。

针对巷道底鼓机理，国内外学者研究主要集中于软岩巷道、水理作用、采动影响、地质结构等几个方面。K. Haramy 将底板层状岩体简化两端固支的岩梁力学模型，对底板岩体的受力特征与变形特征进行了分析；M. 奥顿哥特研究指出巷道底板是在两帮受上覆载荷的作用下被压裂，继而失去两帮的有效约束后，在水平应力的挤压作用下逐渐鼓起。布什曼 N. 建立了大量的相似模型实验进行对比分析，认为巷道底板岩体塑性破坏的最大深度和巷道跨度有关，且两者之间存在相应的比例关系。Afrouz 和 Chugh 等认为影响巷道底鼓的因素复杂且众多，分析了 21 个因素对底板承载能力变化的影响，对比后发现底板自身的松软性质、围岩中的高应力及水浸润对底板的弱化作用是导致底鼓最主要的 3 个原因。

我国学者在沿空巷道底鼓机理方面做了大量的研究。康红普等分析了两帮挤压、松软岩层扩容、岩石膨胀 3 种类型的底鼓，指出不同地质条件下底鼓的主控因素不同，其控制措施也应具有针对性，维持巷道底板处于应力降低区，提高底板稳定性是防控底鼓的有效途径。姜耀东等根据现场和试验底鼓特征，将底鼓类型归结为挤压流动性底鼓、挠曲褶皱性底鼓、剪切错动性底鼓、遇水膨胀性底鼓 4 类，并对底板岩性、围岩应力、水理弱化作用及支护控制 4 个影响因素进行了分析。王卫军等基于数值模拟实验，认为小煤柱沿空巷道在靠近采空区附近的底板中基本不受水平应力的影响，底鼓是由巷道实体煤帮高应力的挤压作用导致的，提出了加固窄煤柱及帮角的控制技术。杨仁树等针对回采巷道非对称破坏特征，建立层状底板组合梁力学模型，提出了强化底板的控制思路，具体支护措施包括高强锚网梁索+喷浆密闭+底板锚注。华心祝等以深井沿空留巷为工程背景，将底鼓的演化过程分为 5 个阶段，发现变形主要发生在一次采动至二次采动期间，底板浅部与深部岩体处于不同的受力状态，浅部处于"拉-压"转换状态，深部岩体始终处于受压状态。曹平等创建了深埋高侧压系数巷道计算模型，认为巷道水平应力大于垂直应力时，底板受挤压作用在巷道底角部位形成应力集中，达到一定程度时导致底板弯曲变形。孙利辉等将底板中的夹层视作伯格斯模型进行分析，研究认为底板浅部的软弱夹层弱化了岩体强度，当再受到高应力作用及支护结构不合理等因素综合影响时，容易导致强烈底鼓。

1.4 沿空巷道围岩控制理论与技术研究现状

煤矿巷道围岩稳定性控制一直是行业的热门话题，经过国内外学者多年的研究，围岩控制取得了丰硕的研究成果，在发展过程中提出了许多的相关理论，有些因不足被逐渐淘汰，有些成为当前的围岩控制的主要指导理论。20 世纪初，以 A. Haim、W. J. Rankine 和 Динник 为代表提出了古典地压理论，认为作用在支护结构上的压力平衡了上覆岩层的所有重量，这个理论已经被证实是错误的。在认识到古典地压理论的不足后，又有人提出了普氏冒落拱理论和太沙基冒落拱理论，这两个理论只考虑的松动地压，并未考虑变形压力，只适用于浅部松散地层的巷道变形围岩控制。20 世纪 50 年代以来，岩石力学成为一门独立学科，弹塑性力学理论逐渐被用于解决隧道及地下空间围岩控制问题，期间提出了芬纳公式和卡斯特纳公式，主旨思想是支护体与围岩共同作用控制围岩变形，这也是当前主流的围岩控制思想。20 世纪 60 年代，奥地利工程师 L. V. Rabcewicz 在前人研究的基础上提出了新奥地利隧道施工法，简称"新奥法"，其核心思想是通过支护结构促使围岩本身变为支护结构的重要组成部分，使巷道围岩成为承载主体，发挥自承能力实现巷道稳定控制，这是当前各种类型地下工程围岩控制的主要技术之一；在弹塑性力学理论与新奥法的研究基础上，又陆续提出了能量支护理论（20 世纪 70 年代由 M. D. Salamon 提出）、应力控制理论（苏联学者提出）、围岩支护应变控制理论（日本山地宏和樱井春辅提出）、最大水平应力理论（20 世纪 90 年代由盖尔等人提出）。

基于弹塑性支护、新奥法等巷道围岩控制理论，学者们进一步对沿空巷道围岩控制技术进行了深入研究与探索应用。我国学者在围岩控制研究中也取得了显著的成绩。董方庭提出了围岩松动圈理论，可以总结概括为巷道围岩坚硬时，松动圈范围非常小，接近于零，此时巷道围岩虽然存在弹塑性变形，但并不需要支护，围岩松动圈与变形量呈正相关性，松动圈越大，支护难度就越大，得到支护的目的在于控制松动圈的不良扩展，该理论在现场中得到了大量的应用。方祖烈提出了主次承载圈支护理论，认为巷道开挖后浅部形成张拉域为次承载区，深部形成压缩域为主承载区，主、次承载区协调作用决定巷道围岩的稳定性，支护原则要求对次承载区一次支护到位。

目前，锚杆支护技术已在国内外煤矿生产中得到了普遍应用，是巷道围岩稳定控制环节必不可少的关键技术之一，锚杆应用发展过程中形成了悬吊理论、组合梁理论、加固拱理论等十几种锚杆支护理论。我国自 1956 年应用锚杆支护技术以来，至今已有 60 多年的历史，经历了从低强度、高强度到高预应力、强力支护的发展过程。侯朝炯等在前人研究和实践的基础上，提出了围岩强度强化理论，其核心要点是锚杆和锚固区域相互作用形成统一的承载结构，可以提高锚固体破坏前后的力学参数，改善被锚固岩体的力学性能，同时增加围压，强化围岩残余强度。康红普提出了预应力锚杆支护理论，认为锚杆预应力扩散到围岩中可以形成一定数值的压应力，能够有效抑制拉应力区的出现，在此基础上，又发展提出了高预应力强力支护理论，巷道开挖后通过及时施加高预应力达到控制围岩离层、滑动、裂隙扩展等扩容变形，使围岩处于受压状态，成为承载主体。锚杆锚索协调控制原理也得到越来越多的认可，锚杆和锚索均以加固围岩的作用为主，共同提高锚固体的承载能力。

近年来，我国煤矿科技工作者根据不同地质条件下巷道的支护要求，进一步完善了巷道支护理论和技术。何满潮等研发了可以提供恒定支护阻力并保证稳定变形量的恒阻大变形锚杆，在大变形回采巷道中具有更好的适应性，已在深部软岩巷道中推广使用。柏建彪提出采用具有较高强度并具有较大延伸率的锚杆进行支护，来适应综放工作面沿空巷道高应力和大变形特点。岳帅帅等基于 15 m 特厚煤层 6 m 窄煤柱沿空巷道围岩控制难点，提出了以高强度高预应力锚杆索为主体支护措施，以锚索束为补强支护措施，以窄煤柱注浆、浇筑钢筋混凝土为巷旁支护措施的围岩综合控制手段。王波等针对窄煤柱强度低的现状，提出了对穿锚索双向加固技术，提高煤柱承载能力，从而控制煤柱大变形。Cai M. 认为倾斜煤巷围岩不对称变形破坏控制的关键在于对关键位置进行锚杆索加强支护。王琦等针对特厚煤层沿空巷道围岩变形大、锚杆锚固力低、脱锚严重等问题，提出了通过注浆加固手段改变围岩软弱破碎性质，增加锚固剂长度与数量提高锚固力的控制措施。姜鹏飞分析了深井沿空巷道高应力、强流变、强采动引起巷道围岩大变形的问题，提出了支护—改性—卸压协同控制方法，具体采用高预应力锚杆锚索主动支护，高压劈裂注浆对软弱破碎煤层改性，超前水力压裂对巷道围岩卸压的综合控制措施。张洪伟等以鲍店煤矿 6302 为工程背景，分析了采空区巷旁注浆对窄煤柱加固的可行性后，提出了在以垮落矸石为骨料的巷旁充填注浆技术，提高了窄煤柱稳定性。陈正拜等针对窄煤柱松软破碎的特点，试验应用了煤柱表面喷浆加壁后注浆加固的支护方式，取得了一定的成效。以上研究中，均指出窄煤柱沿空巷道稳定控制的关键是煤柱的稳定。现有研究更多的是确定合理的窄煤柱宽度，许多科研工作者针对不同地质条件的矿井，通过分析实体煤侧支承压力分布规律与煤柱稳定性来确定合理的窄煤柱宽度，煤柱宽度确定的原则是既要将沿空巷道布置于低应力区内，又要窄煤柱具有一定稳定性。显然，特厚煤层窄煤柱沿空巷道围岩稳定的控制方向已经较为明确，但当前的控制手段与煤柱的耦合性较差，并不能很好地解决大变形失稳的难题。

巷道底鼓控制方面，当前研究方向主要是底板加固与底板卸压。王卫军等认为沿空巷道底鼓起始于两帮的失稳，因此提出了"固帮控底"的控制技术。柏建彪等发现底鼓具有两点三区特征，采用全长锚固的水力膨胀锚杆加固底板。杨本生等认为底鼓主要是因为巷道底板处于无支护状态，提出了连续"双壳"治理底鼓的机理，并构建底板浅孔注浆（浅部壳体）与深部锚索束高压注浆（深部壳体）支护加固技术。江东海等建立复杂节理岩体巷道数值模型，分析认为倒棱锥块体分布不均引起非对称底鼓，并提出了浇筑混凝土反底拱，并用预应力锚索进行控制的对策。刘少伟等针对滑移型底鼓问题，应用塑性力学理论推导得到了底板临界破坏深度及底板最小支护荷载公式，提出了通过帮角实施切缝阻断主动滑移区岩体下沉和抑制应力释放区岩体离层移动的针对性支护措施。贾后省等分析了回采巷道非对称底鼓机理，认为控制技术应以适应底鼓变形为主，应用了底板铺设硬化层与起底结合的控制措施。文志杰、李磊等分析了软岩回采巷道底鼓机制，提出了"控底—助帮"的控制思路，具体措施为在底板中向下与两帮开挖弧形空间，然后放置反底拱梁用锚杆锚固，最后铺设混凝土。张辉等将巷道围岩看成一个相互作用的整体结构，在巷道支护时应充分考虑巷道围岩各部分的相互作用，提出采用注浆锚索对高应力巷道底板进行支护。赵一鸣等在淮南矿区开拓巷道通过开挖底板放置倒 U 型钢，与上方 U 型钢形成闭合的环形圈来控制巷道底鼓，取得了较好的支护效果。徐营等针对沿空巷道底鼓的控制难题，提出了一种底板预置钢桩的控制方法，要求在巷道底鼓前，预先在帮角处安装具有一定倾斜角度的钢桩。以上技术手段在底鼓控制方面取得了一定的效果，但是也可以看到无论是放置反底拱还是打设锚杆（索），其工程量都非常大，在服务时间长的开拓巷道较为适用,但是在服务时间短的回采巷道中其应用价值就显著降低,不仅增加生产成本、劳动强度等,而且限制工作面的推进速度。

特厚煤层窄煤柱沿空巷道的布置方式通常仍是沿用中厚及厚煤层沿空巷道的常规布置方式,即两回采巷道均沿煤层底板布置,区段煤柱呈"T"形,两侧均为自由面。以往研究往往忽略了可以利用特厚煤层厚度大的特点对巷道布置方式进行优化,比如可以将常规沿底布置的沿空巷道改为沿顶布置,或者改变上工作面巷道的布置方式,从而间接改变接续工作面沿空巷道围岩的力学性质或支护环境。赵景礼等提出了"厚煤层错层位巷道布置采全厚采煤法",将上工作面两条回采巷道布置在厚煤层的不同层位,利用上工作面采空区下方存在梯形煤体的特点,将沿空巷道布置在上工作面采空区下方。王志强、张俊文、王朋飞等在此基础上,对错层位工作面覆岩结构特征及负煤柱沿空巷道围岩应力分布规律进行了研究,指出负煤柱沿空巷道围岩应力低,远离支承压力峰值。该方法当前主要研究负煤柱沿空巷道布置在冲击地压防治方面的作用,在沿空巷道煤柱稳定控制和底鼓控制方面尚未进行探索应用,但是为改变特厚煤层窄煤柱沿空巷道的布置方式提供了一定的可行性依据。

综上所述,虽然在特厚煤层窄煤柱沿空巷道大变形机理与控制方面取得了较为可观的研究成果,但是依然没有完全解决行业难题。以往对特厚煤层窄煤柱沿空巷道的研究更多地侧重于巷道顶板,在两帮变形机理、底鼓机理方面的研究尚显不足。此外,对沿空巷道煤柱的控制技术研究主要是集中在优化煤柱宽度、改善支护方式、强化支护材料等方面,对沿空巷道底鼓的控制技术更多的仍是采用起底作业,并未寻求到经济安全有效的控制对策。

2 沿空巷道围岩变形特征与影响因素

为了更准确地掌握特厚煤层沿空巷道的围岩变形规律与破坏特征，本章通过现场调研与查阅文献的方法统计了部分典型沿空巷道的矿压显现特征，分别对不同煤层厚度、不同煤柱宽度的沿空巷道的围岩变形量、非对称变形特征、锚杆（索）工况等方面进行对比分析，通过总结其中的共性与差异，以期得到特厚煤层窄煤柱沿空巷道的变形规律，为揭示特厚煤层窄煤柱沿空巷道变形破坏机理提供依据，对影响特厚煤层窄煤柱沿空巷道稳定性的地质因素、工程技术进行分析，明晰煤层厚度对窄煤柱沿空巷道稳定性的重要影响。

2.1 沿空巷道矿压显现特征

特厚煤层的窄煤柱沿空巷道围岩变形破坏在煤矿生产中普遍存在，围岩变形量及变形特征能够最直观地反映巷道的稳定状况。本书有关沿空巷道围岩变形的原始数据源于现场调研和文献查阅，共统计了不同矿区、不同埋深、不同煤柱宽度的 29 个矿井 35 条沿空巷道的矿压显现特征，其中含窄煤柱沿空巷道 25 条，为对比分析特厚煤层窄煤柱沿空巷道的围岩破坏特征，还统计了 10 条宽煤柱沿空巷道的变形特征，具体见表 2-1。

表 2-1 部分典型矿井沿空巷道矿压显现特征

矿井名称	采深/m	巷道	煤厚/m	煤柱宽度/m	宽高比	矿压显现特征
南梁矿	100	30100 辅运巷	2	5	2.5	掘进阶段两帮移近量为 38 mm，顶板下沉量为 38 mm；回采期间两帮最大移近量为 700 mm，顶底板移近量为 73 mm
温业煤业	250	15106 回风平巷	4.5	5	1.11	掘进期间两帮移近量为 75 mm，顶底板移近量为 170 mm；回采期间围岩变形量显著增加，两帮移近量为 600 mm，顶底板移近量为 430 mm
柳巷矿	265	回风巷	11	8	0.73	两帮移近量 1149 mm，煤柱帮 753 mm，实体煤帮 396 mm，底鼓量约 200 mm
	265	30106 回风平巷	11	15	—	两帮移近量 605 mm，实体煤帮 510 mm，煤柱帮移近量 95 mm；顶底板移近量约 120 mm，顶板下沉量较大

表2-1(续)

矿井名称	采深/m	巷道	煤厚/m	煤柱宽度/m	宽高比	矿压显现特征
王家岭矿	290	20103 运输平巷	6.2	8	1.29	煤柱最大收敛量200 mm,直接顶与煤柱之间有滑移、错位等现象,顶板最大下沉量达360 mm;实体煤帮较稳定,顶板下沉量约150 mm
	290	20102 回风平巷	6.8	19.4	—	顶板下沉500~1000 mm,实体煤帮位移约1000 mm,煤柱帮约375 mm,底鼓达500 mm;顶板锚杆(索)拉断、金属网撕裂,煤柱帮垮塌严重,锚杆外露350 mm以上
庞庞塔矿	330	7041 运输平巷	11.8	8	0.68	煤柱帮变形量为600 mm,实体煤帮变形量800 mm;顶板下沉量约500 mm,底鼓量达800 mm
老公营子矿	300	5(8)$_2$ 轨道平巷	9	8	0.89	掘进期间两帮变形量370 mm,顶底板移近量为310 mm;回采期间煤柱帮位移量达1500 mm,实体煤帮变形量约为500 mm,顶板下沉量约为300 mm,底鼓量累计达1500 mm以上
	400	6-1(2) 运输平巷	9	22	—	煤柱帮变形量最大520 mm,实体煤帮变形量200 mm,顶板下沉量约200 mm,底鼓600 mm,最大底鼓位置靠近实体煤帮侧
鲍店矿	340	6302 运输平巷	8.6	3	0.35	煤柱两侧煤体破碎,内部有离层、错位、裂隙发育的特征,整体出现煤帮鼓出的大变形现象,约900 mm,实体煤帮相对比较稳定,变形量较小,约600 mm
丰汇矿	345	15104 轨道平巷	4.5	8	1.78	煤柱侧顶板及帮部变形皆显著大于实体煤侧,煤柱帮最大位移量达1100 mm;顶板台阶下沉200 mm,煤柱侧底鼓较明显,最大底鼓量达700 mm
兴隆庄矿	350	10303 轨道平巷	8.65	5	0.58	掘进期间围岩变形小,两帮移近量为110 mm,顶板下沉量为20 mm;回采期间以煤柱帮变形和底鼓为主,两帮移近量1621 mm,顶底板移近量793 mm
华晟荣矿	400	3104 轨道平巷	6	6	1	掘进期间两帮移近量为256 mm,顶底板移近量为171 mm;回采期间两帮移近量426 mm,顶底板移近量175 mm
城郊矿	400	轨道巷	2.9	4	1.38	掘进期间两帮变形量为225 mm,顶底板移近量较小,回采阶段变形量增大较少
马道头矿	415	5211 回风平巷	15.1	8	0.53	巷道掘进阶段,煤柱帮大量挤出,位移量达1300 mm,帮部裂隙深度达250 mm;实体煤帮严重外敛位移达500 mm,顶底板移近量达920 mm
	400	回风巷	15	30	—	煤柱帮变形量1200 mm,实体煤帮变形量900 mm,底鼓最大值2000 mm

10

表2-1(续)

矿井名称	采深/m	巷道	煤厚/m	煤柱宽度/m	宽高比	矿压显现特征
凤水沟矿	440	5-1A 回风平巷	5.6	6	1.07	工作面回采阶段,巷道围岩出现大范围破坏现象,主要表现为两帮移近量1 m以上,其中煤柱帮移近量达700 mm以上,顶板下沉量较小,底鼓量1.5~2.0 m
塔山矿	450	5106 巷	15	43	—	两帮移近量1250 mm,顶底板移近量1010 mm
	460	5116 巷	15	6	0.4	两帮移近量达1000 mm以上,以煤柱帮为主;顶板下沉量达1000 mm以上;底鼓量达900 mm以上
纳林河二矿	580	31102 回风平巷	5.5	20	—	上工作面回采期间出现巷道变形和底鼓现象;本工作面回采期间,煤柱帮发生5次动力显现,导致棚架压弯、单元支架压断
康河矿	600	12219 上巷	6	3	0.5	掘进期间两帮移近量为320 mm,顶底板移近量为475 mm;回采期间巷道围岩变形量明显增大,两帮位移最大为690 mm,顶底板移近量为575 mm
梅花井矿	630	辅运巷	5.6	35	—	煤柱帮移近量800 mm,实体煤帮移近量600 mm;顶板下沉小,底鼓量1500 mm
祁东矿	639	3246 机巷	2.23	4	1.79	掘巷期间两帮变形量150 mm,顶底板移近量70 mm;回采期间两帮移近量累计258 mm,顶底板累计移近量达200 mm左右
赵固二矿	650	11030 运输平巷	6.2	8	1.29	掘巷期间两帮移近量为440 mm,顶底移近量235 mm;回采期间两帮移近量超过1210 mm,顶底板累计移近量为620 mm,其中底鼓量超过370 mm
王坡矿	650	3314 运输平巷	5.2	35	—	顶板下沉520 mm,两帮收缩超过1200 mm,底鼓1500 mm,顶板钢带撕裂及锚杆(索)拉断,巷帮锚杆(索)锚固段失效,锚杆受力仅70~80 kN
门克庆矿	700	3102 回风平巷	5.1	35	—	煤柱发生冲击地压,超前工作面0~180 m,最大底鼓量1 m
羊场湾矿	720	130205 回风巷	8.4	6	0.71	最大变形量煤柱帮1200 mm,实体煤帮900 mm;煤柱侧顶板下沉量偏大
顾桥矿	800	1121(1) 回风巷	2.85	8	2.81	掘进期间围岩完整区域,两帮移近量为158 mm,顶底板移近量为262 mm,其中底鼓量达170 mm,回采期间巷道变形无明显增大
张双楼矿	860	9422 轨道平巷	3	5	1.67	煤柱与实体煤帮变形为360 mm与420 mm,底鼓量380 mm,顶板下沉190 mm
新河矿	960	5302 回风平巷	10	5	0.5	两帮移近量为705~1501 mm,以煤柱帮大变形为主;顶板下沉量为432~1085 mm

表2-1(续)

矿井名称	采深/m	巷道	煤厚/m	煤柱宽度/m	宽高比	矿压显现特征
口孜东矿	967	121302 运输巷	4.9	15	—	巷帮和底板大变形，累计变形量两帮4m以上，底鼓6m以上，煤柱帮浆皮大范围破裂，支护构件失效，起底10次，刷帮3m以上
赵楼矿	970	11302 轨道平巷	6.6	5	0.77	掘进期间顶板下沉量达507mm，底鼓量274mm，两帮移近量达843mm，煤柱帮内移量为546mm；回采期间底鼓速度为6.8mm/m，两帮移近速度为8mm/m
新巨龙矿	993	2305S 上平巷	9.2	5.5	0.6	回采阶段煤柱帮变形量达1.5m以上，底鼓量达1.2m以上；冲击地压特征为实体煤帮移近0.5~1.5m，底鼓0.3~1.2m，单体支柱变形严重，锚索梁部分断裂
	1040	2302S 上平巷	9.2	6	0.65	超前工作面70m范围内，实体煤帮冲击，单体支柱破坏严重，卸压钻孔全部闭合；未发生冲击地压时，煤柱帮变形量最大约1800mm，底鼓量达1000mm以上
华丰矿	1390	1410 回风平巷	6.2	5	0.81	巷道大变形与冲击地压显现均呈现明显的非对称性，大变形以煤柱帮内移为主，实体煤帮内移较少；冲击地压以实体煤帮和底板为主，顶板和煤柱帮显现较弱

根据不同的划分方法，可以对统计的相关数据作以下分类：

（1）根据煤层厚度划分。含中厚煤层（1.3~3.5m）沿空巷道5例，均为窄煤柱沿空巷道；厚煤层（3~5m＜煤厚＜8m）沿空巷道17例，其中窄煤柱沿空巷道9例，留宽煤柱沿空巷道8例；特厚煤层（8m≤煤厚＜20m）沿空巷道14例，其中窄煤柱沿空巷道8例，留宽煤柱沿空巷道6例。以上案例数量中并不代表窄煤柱护巷技术在该类煤层厚度中的应用比例。实际上，根据文献阐述当前因窄煤柱护巷技术在特厚煤层中适应性较差，所以应用比例要少于宽煤柱护巷技术。

（2）根据采深划分。以800m作为划分界限，含采深小于800m的沿空巷道27例，采深800m以上（含800m）的沿空巷道8例。调研及查阅文献过程中发现，当前窄煤柱沿空巷道在采深较浅的矿井中应用更为普遍，而在采深超过800m的矿井中应用较少。

（3）根据煤柱宽高比划分。25例窄煤柱沿空巷道中，煤柱宽高比大于或等于1的有12例，宽高比小于1的有13例。在采矿教材中将煤柱宽度为1~5m的称之为窄煤柱，近年来随着在特厚煤层中探索应用窄煤柱护巷技术，也将8m以下的煤柱称之为窄煤柱，本章以8m作为窄煤柱的界限。统计数据表明，煤柱宽高比与煤层厚度相关，宽高比大于或等于1的窄煤柱主要分布在8m以下煤层，因窄煤柱宽度的限定，所以当煤层厚度大于8m时，煤柱宽高比小于1。

2.2 沿空巷道围岩破坏特征

通过对统计的沿空巷道围岩破坏特征进行分析，得到窄煤柱与宽煤柱、中厚及厚煤层窄煤柱与特厚煤层窄煤柱围岩变形特征的共性与差异。

2.2.1 沿空巷道共性破坏特征分析

窄煤柱沿空巷道和宽煤柱沿空巷道的围岩破坏特征存在共性，主要体现在 5 个方面。

1. 窄煤柱沿空巷道两帮移近量相比顶底板移近量较大

对表 2-1 中窄煤柱沿空巷道两帮移近量与顶底板移近量进行分析，结果如图 2-1 所示。统计的 23 例沿空巷道中，无论是在中厚煤层、厚煤层，还是在特厚煤层，随着煤层厚度的增大，沿空巷道整体围岩变形量显著增大。20 例沿空巷道的两帮移近量大于顶底板移近量，占比 87%，这与巷道上方为坚硬的岩层，能够充分发挥锚杆（索）支护作用密切相关。仅顾桥矿、风水沟矿、塔山矿 3 例顶底板移近量大于两帮移近量，主要原因是底鼓量过大，与底板岩性有较大关系，比如风水沟矿底板中黏土成分占矿物成分总体含量的67.8%，其中黏土成分矿物主要有遇水易软化膨胀的蒙脱石（38.65%）、高岭石（21.7%）与伊利石（7%~46%）组成。所以可以认为窄煤柱沿空巷道两帮位移量大于顶底板移近量是主要规律，沿空巷道围岩控制时应重点加强对两帮的治理。

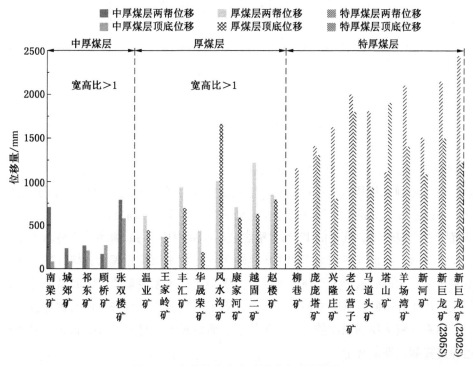

图 2-1 窄煤柱沿空巷道围岩变形量统计

2. 沿空巷道两帮变形以煤柱帮变形为主

通过对沿空巷道两帮移近量数据分析可以发现，无论留窄煤柱还是留宽煤柱沿空巷道，两帮表现出的变形特征主要以煤柱帮变形为主，如图 2-2 所示。统计的 14 例留窄煤柱沿空巷道，有 13 例以窄煤柱帮变形为主，且变形量显著大于实体煤帮，仅 1 例（庞庞塔矿）沿空巷道实体煤帮变形量偏大；统计的 7 例留宽煤柱沿空巷道，有 5 例煤柱帮变形量大于实体煤帮，2 例实体煤帮变形量较大。由此可见，虽然开采深度、开采方法及巷道围岩性质不同，但沿空巷道表现出的两帮变形特征均以煤柱帮变形为主，并且巷道两帮变形量随着采深的增加基本呈现逐渐增大的趋势。

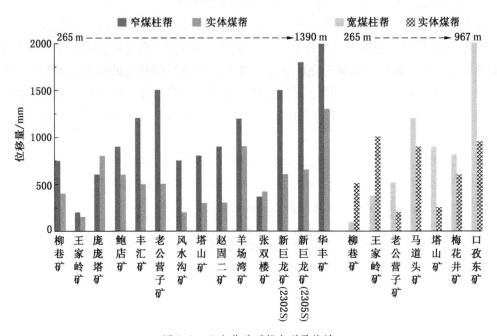

图 2-2　沿空巷道两帮变形量统计

3. 沿空巷道顶底板变形中，以底鼓占主导

对表 2-1 中顶底板移近量进行分析，得到沿空巷道顶底板变形特征，如图 2-3 所示。通过分析可以发现，无论留窄煤柱还是留宽煤柱沿空巷道，顶底板变形主要以底鼓为主，顶板下沉所占比例较小。统计的 12 例留窄煤柱沿空巷道中有 11 例底鼓量显著大于顶板下沉量，仅 1 例沿空巷道（王家岭矿 20103 运输平巷）顶板下沉量偏大；统计的 8 例留宽煤柱沿空巷道中有 7 例底鼓量大于顶板下沉量，仅 1 例（王家岭矿 20102 回风平巷）顶板下沉量偏大。初步分析底鼓量明显偏大的原因，除了与底板岩性有关，还与顶底板的支护状态有关，顶板一般采用高强度的主动支护技术，而底板处于自由无支护状态，显然成为沿空巷道稳定控制的薄弱环节。

4. 掘进阶段变形量较小，回采阶段变形量显著增大

将窄煤柱沿空巷道两帮移近量与顶底板移近量相加，对比分析掘进阶段与回采阶段巷道的整体变形量，结果如图 2-4 所示。沿空巷道在掘进阶段围岩变形量较小，而进入回采

阶段后，围岩变形量增大，增大较少的约为掘进阶段的 2 倍，如华晟荣矿、城郊矿、康家河矿、祁东矿、顾桥矿；增大较多的为掘进阶段的 3~5 倍，如温业矿、老公营子矿；有些矿井进入回采阶段后围岩变形量可比掘进阶段的增大至 10 倍甚至以上，如南梁矿、兴隆庄矿。需要说明的是，上述沿空巷道是在上工作面开采结束一段时间后掘进的，覆岩运动已相对稳定，已有研究成果表明，若沿空巷道在上工作面开采阶段掘进，那么掘进阶段巷道围岩变形量也非常大。

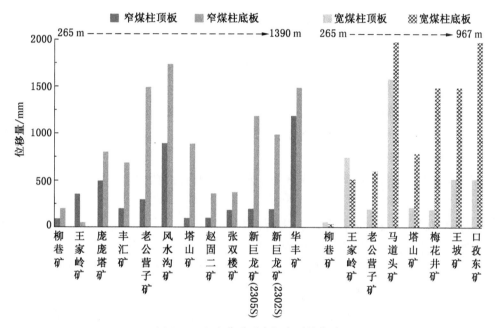

图 2-3 沿空巷道顶底板变形量统计

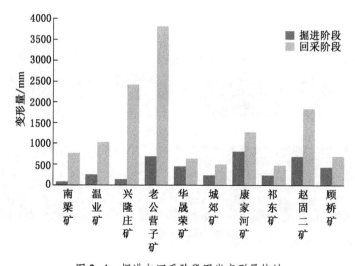

图 2-4 掘进与回采阶段围岩变形量统计

5. 窄煤柱沿空巷道冲击风险降低，但仍有发生冲击地压的可能

煤柱冲击地压常见于留宽煤柱沿空巷道中，如纳林河二号井、红庆河、门克庆等矿井，一般认为区域性防治手段中留窄煤柱可减小沿空巷道冲击地压危险，如鄂尔多斯地区某矿原区段煤柱30 m改为6 m小煤柱后，冲击地压现象显著减少，基本不再发生破坏性、事故性的冲击地压；鲍店矿、东滩矿、济二矿、济三矿综放工作面留4 m左右窄煤柱，沿空巷道冲击危险性也降低。但也有部分矿井在留窄煤柱沿空巷道中发生了冲击地压，尤其是进入深部开采以后，如表2-1中统计的华丰矿1410回风平巷，采深1390 m，留窄煤柱3~5 m，发生了"9·9"冲击地压事故，新巨龙矿2305S回风平巷，采深1040 m，留窄煤柱5~6 m，发生了"2·22"冲击地压事故。

由此可见，窄煤柱沿空巷道虽然在防控冲击地压方面具有积极作用，降低了沿空巷道冲击风险，但无法完全避免，仍存在发生冲击地压的可能性。不管是窄煤柱沿空巷道的大变形，还是冲击地压问题，均与巷道围岩应力环境密切相关，所以有必要对沿空巷道围岩应力分布特征进行研究，以便寻求更合理的巷道布置。

2.2.2 沿空巷道差异破坏特征分析

统计的现场实例中，各类沿空巷道变形破坏特征存在的共性和差异性主要体现在5个方面。

1. 特厚煤层窄煤柱破坏程度强于中厚煤层窄煤柱

沿空巷道围岩变形过程中均会出现一定的变形破坏特征，与巷道周围的覆岩结构特征、应力分布特征相关。分别对特厚煤层窄煤柱与中厚煤层窄煤柱、特厚煤层窄煤柱与特厚煤层宽煤柱沿空巷道破坏特征进行对比分析。

首先通过钻孔摄像观测技术，对煤层厚度差异较大的窄煤柱内部裂隙发育特征进行对比分析，选取南梁矿（煤厚2 m，煤柱5 m，宽高比2.5）与马道头矿窄煤柱（煤厚15.1 m，煤柱8 m，宽高比0.53）沿空巷道进行研究，如图2-5所示。

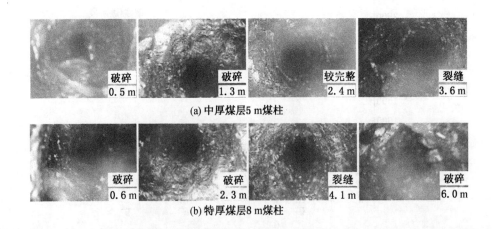

图2-5 不同煤柱宽高比窄煤柱裂隙发育特征

图 2-5a 为中厚煤层 5 m 窄煤柱裂隙发育特征，1.3 m 范围内煤体破碎，钻孔成型差，向煤柱中部发展裂隙数量逐渐降低，钻孔成型好转，2.4 m 位置处煤体较为完整，仅存在少量裂隙，说明煤柱中部稳定向较好，3.6 m 位置又可以观测到明显的裂缝出现。煤柱的破坏特征可以说明，受上工作面采动和沿空巷道掘进影响，煤柱并未发生完全破坏，煤柱中部仍存在少量的完整区域。

图 2-5b 为特厚煤层 8 m 窄煤柱裂隙发育特征，煤柱帮钻孔窥视深度为 6 m，钻孔 2.3 m 范围内煤体异常破碎，裂隙、错位和离层相互交叉存在，至煤柱中部虽然钻孔成型较为完整，但 4.1 m 处仍然可以清晰观测到裂缝，说明煤柱已整体发生塑性破坏。由钻孔口至煤柱中部，煤体的破碎程度逐渐降低，而超过煤柱中部时，煤体的破坏程度又逐渐增大，钻孔 6 m 处位置距离上工作面采空区 2 m，其破裂程度甚至大于靠近巷道一侧，说明特厚煤层上工作面采动对煤体的破坏要强于巷道掘进对煤柱的影响。

从两者的对比可以发现，虽然均采用窄煤柱护巷技术，但因煤层厚度与煤柱宽高比不同，呈现的煤柱破坏程度、内部裂隙发育程度有较为明显的区别：当煤层厚度小，煤柱宽高比大于 1 时，煤柱裂隙发育程度较低，主要集中于煤柱两侧，煤柱中部完整性较好；当煤层厚度大，煤柱宽高比小于 1 时，煤柱中部也出现明显的裂隙发育，煤柱破坏程度较高。

2. 特厚煤层窄煤柱变形与裂隙发育程度显著大于特厚煤层宽煤柱

对同一矿井相同地质条件的特厚煤层窄煤柱与宽煤柱沿空巷道变形特征与两帮煤体内部裂隙发育特征进行对比分析。

选取柳巷矿（煤厚 11 m，煤柱 8 m；煤厚 11 m，煤柱 15 m）对比分析不同煤柱宽度巷道表面的裂隙发育特征，如图 2-6 所示。

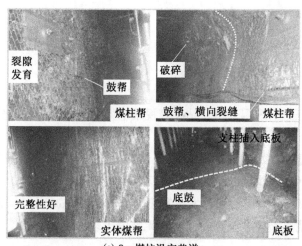
(a) 8 m煤柱沿空巷道

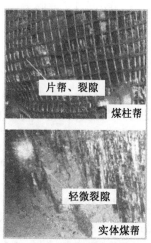
(b) 15 m煤柱沿空巷道

图 2-6 窄煤柱与宽煤柱沿空巷道围岩变形特征

图 2-6 中围岩表面裂隙特征显示：8 m 煤柱沿空巷道煤柱帮破坏程度较大，巷帮表面裂隙发育，尤其是煤柱上部破碎程度尤为突出，进入工作面采动影响段时，巷道开始显现明显的大面积鼓帮特征，鼓帮处有宽度 15 mm 左右的横向裂缝，而实体煤帮完整性好，煤体破坏程度低，裂隙分布少，底板底鼓量较小，靠近实体煤帮的单体支柱插入底板中；相比于窄煤柱沿空巷道，15 m 煤柱沿空巷道煤柱帮破坏程度较小，部分区域发生轻微片帮及产生纵向裂隙，但破坏范围较小，实体煤帮完整性更好，煤体表面存在少量的细小裂隙。

选取老公营子矿（煤厚 9 m，煤柱 8 m；煤厚 9 m，煤柱 22 m）对比分析两帮变形特征，如图 2-7 所示。从图中可以看到：22 m 宽煤柱沿空巷道煤柱帮变形特征凹凸不平，锚杆（索）未直接锚固区域变形量较大，煤体呈波浪式挤出，而锚杆（索）托盘覆盖区域变形量较小。由此可以说明煤柱帮仅浅部煤体破碎，内部煤体稳定，可以为锚杆提供有效的锚固基础，但同时也说明了煤柱内部可能积蓄了大量弹性能；8 m 窄煤柱沿空巷道煤柱帮变形严重，锚杆随煤体大范围的整体向巷内移动，基本可以说明煤柱内部裂隙发育，整体完整性较差，锚杆锚固性能也随之下降，煤帮表面片帮现象突出，裂隙深度达 200 mm 以上，长度达 1000 mm 以上。显然，特厚煤层窄煤柱大变形问题更为严重。

(a) 22 m 宽煤柱　　　　　　　　　　　　　(b) 8 m 窄煤柱

图 2-7　煤柱两帮变形特征

进一步对煤体内部裂隙发育特征进行观测分析，钻孔窥视结果如图 2-8 所示，沿空巷道两帮松动圈破坏范围见表 2-2。

从图 2-8a 和表 2-2 看出，留宽煤柱沿空巷道的煤柱帮 0.5 m 范围内煤体较为破碎，1.3 m 处钻孔有错位现象，2.2 m 处可以清晰地观测到裂缝，至 5 m 处已无明显裂隙，说明巷道掘进对煤柱帮侧向影响小于 5 m；实体煤帮裂隙发育程度较煤柱帮明显减弱，钻孔成型较好，仅 1.4 m 范围内可观测到明显裂隙，至 2 m 处时已无裂隙出现，说明实体煤帮完整性更好。

从图 2-8b 和表 2-2 中看到，留窄煤柱沿空巷道的煤柱帮钻孔成型差，浅部煤体破坏程度高，尤其 0~1.9 m 范围内煤体破坏程度最高，向煤柱内部发展破碎程度逐渐降低，煤

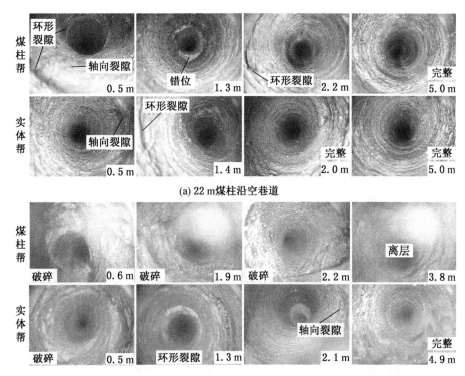

(a) 22 m煤柱沿空巷道

(b) 8 m煤柱沿空巷道

图 2-8   沿空巷道两帮裂隙发育特征

表 2-2   沿空巷道两帮松动圈破坏范围

沿空巷道	煤柱宽度/m	位置	裂隙发育程度	松动圈范围/m
6-1 (2) 运输平巷	22	煤柱帮	高	2.2
		实体煤帮	中	2.0
5 (8)₂ 轨道平巷	8	煤柱帮	中	8.0
		实体煤帮	中	2.1

柱中部 3.8 m 处有离层现象。考虑到煤柱另一侧为上工作面采空区，受采动影响更为强烈，由此可以判断煤柱临采空区侧破坏程度更高，实体煤侧钻孔成型较好。窥视结果显示，钻孔浅部煤体破坏程度较煤柱帮偏低，分布有环向与轴向裂隙，至 2.1 m 处时裂隙宽度已明显减小，仅存在少量的微小裂隙，钻孔深部煤体完整性较好。

综合特厚煤层沿空巷道围岩变形特征，留窄煤柱与宽煤柱沿空巷道的实体煤帮劣化程度较低且相差不大，而煤柱帮区别非常明显；宽煤柱中部存在完整的煤体，为弹性能积聚提供了条件；而窄煤柱整体裂隙发育程度较高，说明窄煤柱完全处于峰后塑性破坏阶段，煤柱承载能力明显减弱。

19

3. 底鼓非对称特征的差异性

沿空巷道底鼓特征常表现出非对称性，从现场观测发现，留宽煤柱与窄煤柱沿空巷道的非对称底鼓特征存在较为明显的差异。

图2-9为老公营子矿宽煤柱（22 m）与风水沟矿窄煤柱（6 m）沿空巷道底鼓特征。从图中可以发现，宽煤柱沿空巷道最大底鼓位置距离实体煤帮 1.5 m 左右，距离煤柱帮约 3.0 m，呈现远离煤柱侧，靠近实体煤帮侧的变形特征，最大底鼓量达 600 mm，并且在最大底鼓位置出现明显的拉伸破断裂缝，裂缝宽度 70~100 mm；窄煤柱沿空巷道非对称底鼓特征与宽煤柱沿空巷道相反，最大底鼓位置靠近窄煤柱一侧，与煤柱帮的距离为 1.3 m 左右，与实体煤帮的距离为 3.2 m 左右，底鼓量达 1500 mm 以上。根据以上特征分析，沿空巷道底鼓非对称特征的差异与煤柱宽度有关。

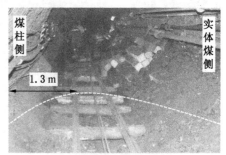

(a) 宽煤柱沿空巷道　　　　　　　　　　(b) 窄煤柱沿空巷道

图 2-9　沿空巷道非对称底鼓特征

4. 锚杆（索）支护特征的差异性

锚杆（索）是当前回采巷道最常用的永久支护方式，能够实现对围岩的主动支护，其工况直接关系到巷道的稳定性。窄煤柱与宽煤柱沿空巷道的支护方式存在一定的差异性，主要体现在煤柱帮。由前述分析可知，宽煤柱沿空巷道煤柱宽度较大，内部煤体稳定，常采用锚网索支护，而窄煤柱沿空巷道因煤柱宽度小，内部裂隙发育，无稳定的锚固基础或锚索长度一般多大于煤柱宽度，所以通常不在煤柱帮打设锚索，常采用锚网支护，异常破碎区域进行表面喷浆加固。调研发现宽煤柱与窄煤柱沿空巷道煤柱帮的锚杆（索）工况也存在一定的差异性，如图2-10、图2-11所示。

工作面回采过程中，留宽煤柱沿空巷道煤柱帮锚杆（索）能够充分发挥锚固作用，很好的限制煤帮变形，锚杆（索）受力过程中常见托盘"内凹"的变形特征，锚杆锚固力达到 130 kN 以上，锚索锚固力达到 200 kN，侧向说明了煤柱帮完整性相对较好，内部裂隙发育程度较低，也说明了煤柱内积聚了大量的能量在缓慢地释放；而窄煤柱沿空巷道煤柱帮锚杆恰恰出现相反的工况，托盘并未发生明显的变形，锚杆脱锚现象在煤柱大变形区域较为常见，现场锚杆锚固力实验表明，煤柱帮未脱锚失效的锚杆锚固力非常低，仅40~

50 kN 就可将锚杆拉出，远低于实体煤侧的 130 kN，煤柱帮垮塌区域还有锚杆悬露现象。

宽煤柱　　　　　　　　　　　　　窄煤柱

(a) 锚杆(索)托盘受压变形　　　　　　　(b) 锚杆脱锚

图 2-10　锚杆（索）特征

5. 冲击显现位置差异性

通常宽煤柱沿空巷道冲击显现更为普遍，但窄煤柱沿空巷道也存在发生冲击地压的可能，两者的冲击显现位置存在差异性，图 2-12 为不同煤柱宽度的冲击地压案例。

宽煤柱沿空巷道冲击显现位置主要位于区段煤柱，图 2-12a 为门克庆矿 3102 工作面回风平巷冲击显现特征，该工作面与 3101 采空区间留设区段煤柱 35 m，超前 50 m 范围内煤柱侧帮煤体抛出，单体支柱

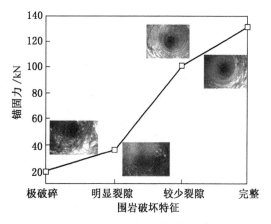

图 2-11　锚杆锚固力与围岩破坏程度的关系

压弯甚至断裂，冲击位置以煤柱侧为主。胡家河煤矿 401102 工作面冲击显现特征也具有相同的特点，该工作面开采的 4 个月内，70 m 宽煤柱发生了 6 次强冲击显现。

图 2-12b 为新巨龙矿 2305S 工作面上平巷冲击显现特征，2305S 工作面与 2304S 采空区间留设区段煤柱 5.5 m，上平巷中超前工作面 10~420 m 段发生冲击地压：超前工作面 10~100 m 段，两帮移近 0.6~0.8 m，底鼓 0.3~0.8 m，顶板下沉 0.3~0.6 m；超前工作面 100~218 m 段，巷道破坏堵塞；超前工作面 218~370 m 段，实体煤帮部锚索梁部分断裂，两帮移近 0.5~1.5 m，底鼓 0.5~1.2 m，顶板下沉 0.3~0.5 m；超前工作面 370~420 m 段，两帮移近 1.5~2.3 m，底鼓 0.8~1.5 m，顶板下沉 0.3~1.3 m，以上冲击显现均以实体煤帮移近与底鼓为主。华丰矿是我国典型的冲击地压矿井，较早地探索了窄煤柱护巷技术对冲击地压防治的作用。图 2-12c 为华丰矿 1410 工作面回风平巷冲击显现特征，区段煤柱 5 m，可以看到煤柱侧顶板无明显特征，主要以实体煤侧的煤帮及底板煤岩体冲击为主，冲击发生后几乎封闭整个巷道空间。由此可见，窄煤柱沿空巷道冲击显现位置主要位于实体煤帮一侧。

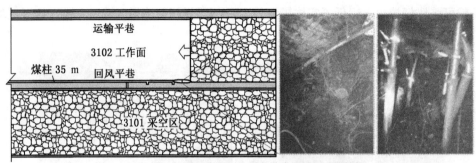

(a) 门克庆矿 3102 工作面回风平巷冲击区域与破坏特征

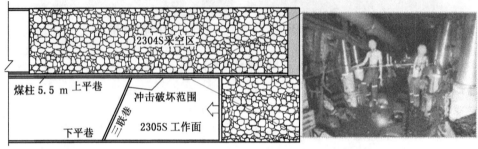

(b) 新巨龙矿 2305S 工作面上平巷冲击区域与破坏特征

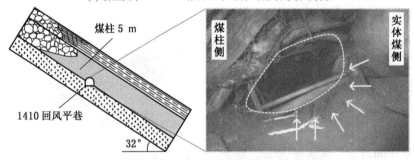

(c) 华丰矿 1410 工作面回风平巷冲击破坏特征

图 2-12　沿空巷道冲击显现特征

2.3　特厚煤层窄煤柱沿空巷道稳定性影响因素

影响留窄煤柱沿空巷道围岩稳定的因素复杂且众多，国内外学者进行了深入的研究，基本可以概括为地质因素与工程技术因素两个方面。其中地质因素是难以改变的，主要包括开采深度、地质构造、煤岩体物理力学性质与产状等，而工程技术因素则受人为活动影响，主要是巷道位置与支护技术。

2.3.1　地质因素

（1）开采深度方面，康红普等以近 20 年来井下测量获得的小孔径水压致裂地应力数据为主体，结合其他学者所获得的地应力测量数据，进行线性回归，得到煤矿井下地应力随采深的变化情况，见式（2-1），其中 σ_H、σ_h、σ_v 分别为最大、最小主应力与垂直应力，MPa；H 为采深，m。

$$\begin{cases} \sigma_H = 0.0215H + 3.267 \\ \sigma_h = 0.0113H + 1.954 \\ \sigma_v = 0.0245H \end{cases} \qquad (2-1)$$

从式（2-1）中可以发现，随着开采深度的增加，最大、最小主应力与垂直应力均逐渐增大。引起巷道围岩变形的主要力源为地应力，所以通常随着开采深度的增加，巷道围岩稳定性下降，巷道变形量增加，甚至会导致灾害类型的增加。

（2）地质构造方面主要包括断层、褶曲等。实践与研究表明：断层附近煤岩体破碎，巷道围岩中裂隙发育程度与距断层面的距离呈负相关性，距离越小裂隙发育程度越大，从而导致围岩力学性质降低，断层附近煤岩体的力学强度平均降低 75% 左右，并且断层在工作面采动影响下易出现"活化"特征，进一步加剧了巷道围岩破坏程度；褶曲附近区域煤岩体力学性质的弱化程度要比断层弱，但褶曲附近构造应力集中，主要表现为水平应力升高，尤其在褶曲轴面区域，水平应力可达正常区域水平应力的 3 倍左右，若巷道布置在该区域，则直接改变巷道所处的应力环境，呈现明显的非等压特征，造成巷道变形异化程度增大。由此可见，地质构造复杂条件下，巷道围岩稳定性明显降低。

（3）围岩力学性质对巷道整体稳定性的影响至关重要，直接决定着抵抗变形破坏的能力。窄煤柱沿空巷道位于力学性质较差的煤层中，具有地质软岩的低强度、强流变、易膨胀和高风化度等特点，又受上工作面、巷道及本工作面的多次采动影响，围岩力学状态通常处于峰后劣化阶段，所以又属于工程软岩。窄煤柱沿空巷道的围岩力学环境区别于其他巷道，围岩劣化特性是围岩大变形难控制的先天因素。

（4）以上 3 个主要因素并非特例因素，在任何产状的煤层中都可能存在，而煤层厚度是特厚煤层沿空巷道区别于其他厚度煤层的关键因素。煤层厚度对沿空巷道稳定性的影响主要体现在三个方面：一是煤层厚度直接关系到煤柱宽高比，窄煤柱宽度较小，煤层厚度越大，煤柱宽高比越小，表 2-1 和图 2-5 的统计案例已表明沿空巷道稳定性与煤柱宽高比密切相关；二是窄煤柱沿空巷道的位置选择需要考虑基本顶的断裂位置，而煤层厚度的变化会影响基本顶的断裂位置，进而间接影响巷道稳定性；三是煤层厚度影响采空区充填情况和基本顶关键块的位态特征，进而影响沿空巷道稳定性，通常采出空间越大，直接顶垮落矸石越难以充满采空区，那么基本顶关键块的回转下沉空间则越大，因为下方煤体处于给定变形工作状态，沿空巷道受到的影响越强烈。

以上地质因素是人为难以改变的，但是认清地质因素对沿空巷道稳定性的影响后，可以更合理地改善沿空巷道布置环境或优化支护技术，有利于沿空巷道服务期间的稳定控制。

2.3.2 工程技术因素

（1）巷道布置位置。窄煤柱沿空巷道布置位置是实现工作面安全回采和保证矿井生产能力的基础，关系到沿空巷道受动压影响的程度，它是影响巷道围岩稳定性的主要因素之一，属于人为可控因素。沿空巷道位置选择时，首先需要考虑巷道位置有利于保障巷道的稳定，依据窄煤柱沿空巷道位置选择的基本思想，要将沿空巷道布置在侧向支承压力峰值与采空区之间，既要避开高支承压力的影响，又要保证巷道不处于异常破碎的煤体之中。如图 2-13 所示，窄煤柱沿空巷道的位置可以精确地定性为沿空巷道沿 I 区边缘掘进，布置在 II 区煤体中，这样既符合低应力区布置巷道，又满足围岩相对稳定的状态，此时破裂区的宽度即为煤柱宽度，这也是常规的沿空巷道布置方式。

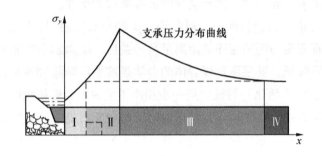

I—破裂区；II—塑性区；III—弹性区应力增高部分；IV—原岩应力区

图 2-13 实体煤侧向支承压力分布与弹塑性分区

在中厚煤层中巷道高度通常等于煤层厚度，沿空巷道与上工作面采空区的位置关系即为煤柱尺寸，只需考虑水平位置即可，但是在特厚煤层中，因巷道高度小于煤层厚度，那么就可以利用这一特点，改变沿空巷道与上工作面采空区之间的纵向相对位置关系，为沿空巷道选择更加合理的布置位置。

（2）支护措施是沿空巷道围岩系统中的重要组成部分，同样属于人为可控因素。为了控制特厚煤层窄煤柱沿空巷道大变形，探索采用了多种支护方式。当前窄煤柱沿空巷道围岩变形控制的原理主要是以提高煤柱完整性和承载能力为主，具体方法包括增加锚杆（索）长度、密度，采用高强度高预紧力锚杆（索），或破碎围岩注浆等。通过支护手段达到控制围岩变形的目的，在现场实践中取得了一定的成效，但仍存在不足。比如高强高预应力锚杆与锚索能够为围岩提供较大的预应力，前提是有稳定的锚固基础，该支护方式在顶板稳定性控制方面取得了较好的效果，但在控制煤柱大变形方面效果不佳。结合图 2-10 分析可知，锚杆（索）锚固力与围岩破碎程度密切相关，极破碎煤帮处的锚杆锚固力仅为 20~40 kN，是完整煤体处锚杆锚固力的 1/3~1/6，所以虽然采用了高预应力锚杆，但因为无有效的锚固基础，煤柱可锚性差，导致锚杆预应力施加不足，锚固性能发挥不佳。为了提高煤柱的可锚性，提出了通过注浆加固技术填充煤柱内部裂隙提高煤柱完整性与承载能力的支护方式，但注浆压力一般为 2~6 MPa，又因为窄煤柱宽度小、裂隙异常发育以及采空区侧为自由空间，所以在实践过程中常见距离注浆点几米甚至十几米的位置出现跑液现象，导致注浆效果难以保证。王波等研究也指出锚杆（索）及注浆等传统支护方式仅能为煤柱提供单向力，在锚固方式和效果方面存在缺陷，所以提出了通过对穿锚索加固煤柱的技术，但该技术也存在一定的不足，首先对穿锚索是在煤柱已单向受力破坏的状态下去补加横向力，煤柱内部已破坏的状态是仍难以改变，其次仅靠锚索提供的约束力较小。

综合以上支护措施的不足，若能够既提高煤柱的可锚性，充分发挥锚杆（索）高预应力主动支护作用，又能够在沿空巷道掘进后使煤柱始终处于双向受力状态，减小煤柱的破坏程度，提高煤柱本身的完整性与承载能力，将有助于特厚煤层窄煤柱沿空巷道的稳定性控制。

3 基本顶侧向破断特征与煤柱
稳定性关系分析

沿空巷道围岩稳定性与上覆基本顶破断结构特征、围岩应力分布特征密切相关。通过分析基本顶断裂线位置与沿空巷道稳定性的关系，指出研究基本顶断裂位置是沿空巷道布置的第一步。引入损伤因子，构建弹-塑性地基的梁结构破断力学模型，计算求解基本顶弯矩分布特征与煤层厚度之间的关系，从而分析特厚煤层窄煤柱易失稳的原因。计算并通过数值模拟验证特厚煤层侧向支承压力分布特征，为沿空巷道的失稳机理研究奠定基础。

3.1 基本顶破断特征与沿空巷道稳定性关系

3.1.1 基本顶覆岩结构分析

上区段工作面自开切眼开始回采，将首先引起煤层上方的直接顶破断垮落，使碎胀岩石充填采空区。随着工作面不断推进，基本顶悬露面积增大，在重力作用下弯曲下沉，当悬露一定跨度达到基本顶抗拉强度极限时，基本顶上表面开始破断。研究指出基本顶首先沿长边在煤壁前方发生断裂，继而伸入两侧煤体的基本顶短边断裂，之后四周裂缝逐渐发展直至贯通；基本顶断裂后产生向下的位移，首先基本顶中部弯矩达到最大值，超过强度极限后发生破断，基本顶继续以裂缝为轴回转下沉，中部裂缝与四周裂缝沟通呈"O-X"形，此为基本顶的初次破断，也即基本顶的初次来压。此后，随着工作面的继续推进，基本顶呈"三边固支一边自由"的状态，当再次达到强度极限时，基本顶继续发生破断，此为基本顶的周期破断，也即周期来压，如图 3-1a 所示。工作面端头上方的基本顶破断后以弧形三角块的形式存在，称之为关键块 B，关键块 A 为本区段工作面上方基本顶，关键块 C 为上区段工作面采空区上方的断裂基本顶，关键块 B、C 运动结束后，相互铰接最终形成稳定的"砌体梁"结构，如图 3-1b 所示。上覆岩层中位于相邻两关键层之间的多层软弱薄岩层相当于载荷施加在其下的关键层上，并随其下关键层的破断而近似同步破断，称之为随动层。根据上覆岩层的破断运动特征，可以划分为垮落带、裂隙带与弯曲下沉带，形成的砌体梁结构存在于裂隙带内。

普通综采的开采厚度较小，煤层开采后，若直接顶垮落的破碎矸石能充满采空区，则基本顶破断后，关键块 B 弯曲下沉较小的量即可接触垮落矸石从而受到支撑。特厚煤层综放开采与普通综采相比一次性采出的煤层厚度大，垮落的直接顶岩石若无法充满采空区，与基本顶之间仍存在较大的自由空间，则基本顶破断后，关键块 B 需要回转下沉较大的量才可接触矸石受到支撑，此时基本顶关键块可能不会形成稳定的砌体梁结构。许家林等研究证实在大采高综采（采高 7 m）条件下，破断基本顶可进入垮落带并以悬臂梁结构形式存在。

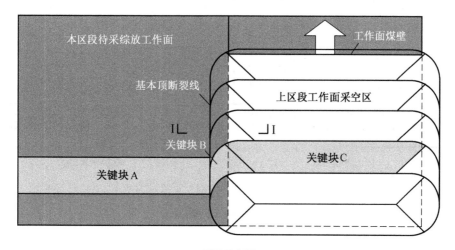

(a) 平面示意图

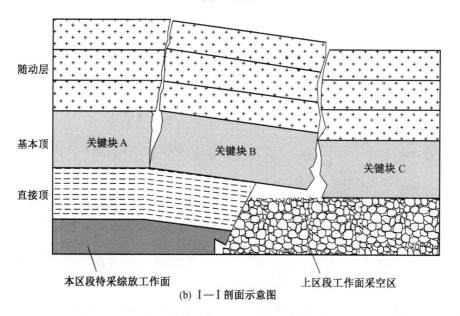

(b) I—I 剖面示意图

图 3-1　基本顶破断结构

　　窄煤柱沿空巷道布置于断裂的基本顶附近，根据基本顶断裂线与沿空巷道的位置关系，可以划分为如图 3-2 所示中的 4 种基本形式：图 3-2a 基本顶断裂线位于实体煤上方；图 3-2b 基本顶断裂线位于沿空巷道上方；图 3-2c 基本顶断裂线位于窄煤柱上方；图 3-2d 基本顶断裂线位于采空区，一般需要采取人为手段干预。

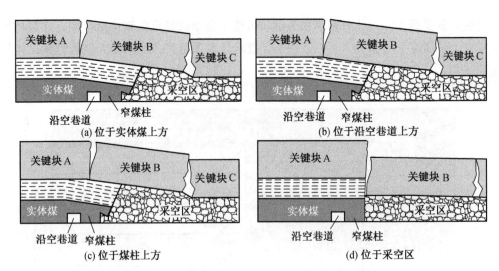

图 3-2　基本顶断裂线与沿空巷道位置关系

3.1.2　基本顶断裂位置对巷道围岩稳定性影响的模拟分析

1. 模拟方案与模型构建

为分析基本顶与沿空巷道 4 种位置关系条件下沿空巷道围岩的稳定性，采用 UDEC5.0 离散元模拟软件进行分析。UDEC 是一款离散元数值模拟计算程序，它能够描述单元体的非线性和非连续力学行为，允许单元体的大变形和非连续位移，能够较好地表征单元体的滑动、转动或冒落，因而在采矿工程领域得到了广泛的应用。对应建立 4 种基本顶与沿空巷道的位置关系模拟方案，分别为：①基本顶断裂位置位于沿空巷道实体煤帮内 2 m；②断裂位置位于沿空巷道中线上方；③断裂位置位于沿空巷道煤柱帮上方；④断裂位置位于上工作面采空区。

建立的数值模型尺寸为宽 300 m，高 100 m，模型底部竖向位移固定，模型左右两侧水平位移约束。煤层埋深 500 m，煤层上方有 80 m 岩层，故模型顶部施加垂直向下的 420 m× 0.025 kN/m³ = 10.5 MPa 的补偿载荷，煤岩体采用摩尔-库仑破坏准则来描述，节理的力学特征遵循 Coulomb-slip，如图 3-3 所示。综合利用姜鹏飞和张明磊研究确定采用的煤岩体

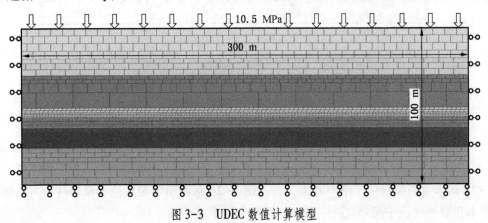

图 3-3　UDEC 数值计算模型

物理和节理力学参数,见表3-1、表3-2。各方案中煤柱宽度为6 m,沿空巷道的断面尺寸为4 m×3 m（宽×高）,模拟过程中均未考虑支护对围岩变形的影响。

表3-1　岩层物理力学参数

岩层	厚度/m	密度/(kg·m⁻³)	体积模量/GPa	剪切模量/GPa	抗拉强度/MPa	内聚力/MPa	内摩擦角/(°)
上覆岩层	25	2550	7.8	3.3	9.6	36.5	17
页岩	20	2500	8.8	4.2	5	38.5	18
粉砂岩	30	2600	15.6	10.8	10.8	35.8	32.3
泥质砂岩	5	2500	7.2	3.5	2.2	2.4	29
煤	8	1400	3.2	1.4	1.0	1.0	22
泥质砂岩	3	2550	7.2	3.5	2.2	2.4	29
粉砂岩	8	2550	15.6	10.8	10.8	35.8	32.3
石灰岩	20	2500	22.1	10.7	4.8	6.8	42

表3-2　岩层节理力学参数

岩层	法向刚度/GPa	切向刚度/GPa	抗拉强度/MPa	内聚力/MPa	内摩擦角/(°)
上覆岩层	17.4	7.1	0.2	1.3	28
页岩	19	8.8	0.2	1.4	29
粉砂岩	26.1	10.3	0.6	1.8	42
泥质砂岩	20	8	0.3	1.2	38
煤	14	5.6	0.1	1	20
泥质砂岩	20	8	0.3	1.2	38
粉砂岩	26.1	10.3	0.6	1.8	42
石灰岩	16	6.8	0.5	1.7	25

2. 模拟结果分析

图3-4为基本顶与沿空巷道不同位置关系时巷道围岩破坏情况的模拟结果。可以看出,当巷道恰好布置在基本顶断裂线下方时,沿空巷道两帮煤柱发生屈服破坏最为严重,巷道围岩变形量最大,巷道围岩出现大范围的拉伸破坏区域,煤柱帮变形严重,实体煤帮相对稳定性较好;当基本顶断裂线位于采空区时,虽然煤柱也发生明显的屈服破坏,但巷道围岩变形量最小,煤柱的屈服破坏是由于侧向支承压力向煤体深部转移的过程造成的;基本顶断裂线位于沿空巷道实体煤帮内2 m时,巷道变形量较小且两帮变形量较为均匀;基本顶断裂线位于煤柱上方时,可以发现,较断裂线位于实体煤上方,沿空巷道围岩整体变形量有所增大,且增大的变形量主要集中在煤柱帮,而实体煤帮相对较为稳定。综合试验结果,沿空弄巷道围岩整体变形量从大到小依次为:基本顶断裂线位于沿空巷道上方>基本顶断裂线位于煤上方>基本顶断裂线位于实体煤帮上方>基本顶断裂线位于采空区。

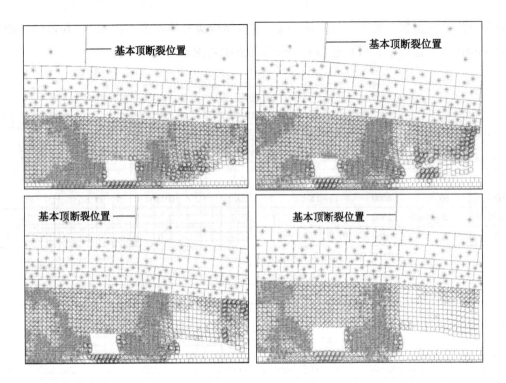

图 3-4 各方案巷道围岩破坏情况

结合前述理论分析，可以确定关键块 B 是基本顶侧向结构稳定性的主控体，沿空巷道的稳定与基本顶断裂线之间的相对位置关系非常重要，在矿井条件允许的情况下，上工作面开采过程中提前人为切断基本顶对窄煤柱沿空巷道的稳定非常有利，当不具备此条件时，若要维护窄煤柱沿空巷道的稳定就需要尽量避免将沿空巷道布置在基本顶断裂线的正下方。因此，明确基本顶破断特征，即明确基本顶的断裂位置，成为维护沿空巷道围岩稳定的第一步。

3.2 弹塑性地基基本顶断裂特征

3.2.1 基本顶断裂前结构模型

本节对基本顶的断裂位置进行理论分析。随着工作面煤体采出，直接顶垮落后往往难以充满采空区，建立基本顶初次破断前的结构模型，如图 3-5 所示。采空区上方的基本顶由于失去煤体支撑，在断裂前会发生弯曲下沉，根据关键层理论，其上方的软弱岩层也会随之同步沉降，继而随动层与上方厚硬岩层离层，厚硬岩层及其上覆载荷无法直接向下传递，而是向四周转移，故四周煤体及其上方基本顶出现载荷增加的现象；同理，由于采空区上方基本顶此时仅承担上方随动岩层的载荷，因此采空区上方基本顶载荷降低。根据钱鸣高院士的研究，基本顶载荷峰值为平均值的 1.2 倍，随着远离峰值，两侧上覆载荷逐渐降低，其中实体煤侧应力随着远离煤壁逐渐趋于原岩应力 γH（H 为地表至基本顶的距离），而采空区侧也逐渐趋于定值 γh（h 为基本顶上方随动层高度）；实体煤侧基本顶应力峰值位置到煤壁的距离 s_1 要大于煤体支承压力峰值到煤壁的距离 s_2，一般为 $s_1 = (2.5 \sim 3) s_2$。

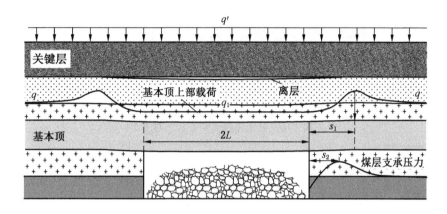

图 3-5　基本顶破断前覆岩结构与载荷分布

　　根据基本顶 "O-X" 破断特征，沿工作面倾向，破断位置发生在短边中央，借鉴板的 Marcus 简算法，将板简化为分条的梁，在板中部取单位宽度的梁进行分析。基本顶伸入煤体的破断位置直接关系到沿空巷道的位置选择及稳定性，为此许多专家将基本顶下方直接顶与煤层视为 Winkler 弹性基础进行计算分析，解释了基本顶伸入煤体断裂的物理现象，但计算结果与实际仍存在一定的差距。从 Winkler 弹性地基公式可以发现，岩梁沉降量与弹性地基对梁的反力成正比。假如将采空区侧向煤体完全按照弹性地基进行计算，那么煤壁上方基本顶的沉降量最大，也就是说煤壁处对基本顶的反力最大，但现场实践已经证明，受工作面采动影响，采空区侧向一定深度的煤体已发生塑性破坏，尤其煤壁处煤体破坏最为严重，也就是说煤壁附近煤体对基本顶的承载能力是最弱的，对基本顶的反力是最小的，结合侧向煤体支承压力分布特征，煤体对基本顶的反力峰值应在煤体弹塑性交界处。因此，若将煤体与直接顶完全按弹性地基处理，将与实际情况存在差异，进一步导致基于弹性地基分析基本顶破断特性的研究与实际存在差异。借鉴闫少宏等在综放开采中引入损伤因子对顶煤损伤特性的分析，根据采空区侧向煤体的塑性破坏规律，可以将损伤因子引入基本顶地基中，对基本顶断裂位置进行分析。

3.2.2　弹塑性地基基本顶力学模型

　　图 3-6 为基本顶侧向断裂力学模型，基本顶受弹性基础和损伤基础共同支承，基本顶上方分布有均布荷载和增压荷载，增压荷载峰值位于煤壁前方。以作用在基本顶的应力峰值处为坐标原点建立坐标系，应力峰值到煤壁的距离为 l，荷载峰值到损伤地基左边界的距离为 l_1，损伤地基的宽度为 l_2，基本顶上方支承压力借鉴潘岳等以 Weibull 分布函数表示的方法，建立了半无限弹性地基梁力学模型。

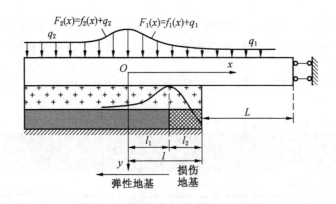

图 3-6 基本顶侧向断裂力学模型

工作面开采引起煤体内支承压力重新分布，以煤体侧向支承压力峰值为界至煤体深部未发生塑性破坏，认为满足 Winkler 弹性地基假定，即

$$q_e = -Gy \qquad (3-1)$$

其中，q_e 为弹性地基反力；y 为基本顶的垂直位移；G 为 Winkler 弹性地基系数，Pa，$G = G_0 B$，G 的大小与所取基本顶宽度 B 有关，G_0 为基础系数，反映地基产生单位下沉所需的压强，Pa/m，B 为基本顶所取宽度，取 B 为单位长度；式中负号表示地基反力与基本顶位移方向相反。

在平面应变条件下，基础系数 G_0 由组成弹性地基的各煤岩层厚度及力学参数共同决定，即

$$\begin{cases} G_{0i} = \dfrac{E_i}{h_i(1 - \mu_i^2)} \\ \dfrac{1}{G_0} = \displaystyle\sum_{i=1}^{n} \dfrac{1}{G_{0i}} \end{cases} \qquad (3-2)$$

式中　G_{0i}——弹性地基第 i 层的刚度，Pa/m；

　　　h_i——第 i 层的厚度，m；

　　　E_i——第 i 层的弹性模量，Pa；

　　　μ_i——第 i 层的泊松比。

煤壁至支承压力峰值区间煤体已发生塑性破坏，认为该段煤体为损伤地基，为使问题简化，同样认为相同范围的直接顶也为损伤破坏，对应的煤体与直接顶引入损伤因子：

$$D(x) = Ae^{-\lambda(x - l_1)} \qquad (l_1 \leqslant x \leqslant l) \qquad (3-3)$$

其中，A 为损伤变量值，A 小于 1；λ 为损伤衰减因子，根据马庆云的研究一般取值 0.4。当 $x = l_1$ 时，$D = 1$，表示弹塑性分界面处煤体未损伤，为弹性煤体状态。

那么，损伤地基的地基系数 G_d 为

$$G_d = G[1 - D(x)] \qquad (3-4)$$

可以发现，损伤地基系数 G_d 为关于 x 的变量，而在后续求解的挠度微分方程为变系数的偏微分方程，求解该方程的解析非常困难，故在计算过程中取损伤地基范围平均值进行计算，即

$$D(x)=\frac{1+\mathrm{e}^{-\lambda l_2}}{2}A \tag{3-5}$$

那么，损伤地基反力 q_d 与基本顶垂直位移 y 的表达式为

$$q_d=-\left(1-\frac{1+\mathrm{e}^{-\lambda l_2}}{2}A\right)Gy \tag{3-6}$$

基本顶断裂前，煤体损伤主要是由于煤体内部应力集中超过其抗压强度引起的塑性破坏，损伤地基的宽度可以根据极限平衡理论进行计算，即

$$l_2=\frac{m}{2\xi f}\ln\frac{K\gamma H+C\cot\varphi}{\xi(p_1+C\cot\varphi)} \tag{3-7}$$

式中　K——应力集中系数；

　　　m——煤层开采厚度，m；

　　　H——煤层埋深，m；

　　　γ——覆岩容重，kN/m^3；

　　　p_1——煤帮侧护力，MPa；

　　　C——煤体黏聚力，MPa；

　　　φ——煤体内摩擦角，(°)；

　　　f——煤层与顶、底板的摩擦因数；

　　　ξ——三轴应力系数，$\xi=(1+\sin\varphi)/(1-\sin\varphi)$。

基本顶上方支承压力采用 Weibull 分布函数表达，其表示式为

$$f(x)=kx\mathrm{e}^{-\frac{x}{x_c}} \tag{3-8}$$

式中　k——$f(x)$ 的初始斜率。

基本顶上方载荷包括均布载荷以及工作面开采引起的增量载荷两部分，煤壁上方基本顶载荷量增大，然后向煤体深处和向采空区分别趋于 q_1、q_2。煤壁前方基本顶和采空区上方基本顶所受载荷表达式为

$$\begin{cases} f_1(x)=q_1+k_1(x+x_{c1})\mathrm{e}^{-\frac{x+x_{c1}}{x_{c1}}} & (0\leqslant x\leqslant l+L) \\ f_2(x)=q_2+k_2(x+x_{c2})\mathrm{e}^{\frac{x-x_{c2}}{x_{c2}}} & (x\leqslant 0) \end{cases} \tag{3-9}$$

$$k_1=\frac{f_{c1}\mathrm{e}}{x_{c1}} \qquad k_2=\frac{f_{c2}\mathrm{e}}{x_{c2}}$$

式中，k_1、k_2 分别为 $f_1(x)$、$f_2(x)$ 的斜率，N/m^2，表示增压载荷部分变化的快

慢；f_{c1}、f_{c2} 为分段增压载荷的峰值。

由上述分析知，满足 $q_1 < q_2$，并且函数连续，所以有

$$f_{c1}+q_1 = f_{c2}+q_2 \tag{3-10}$$

图 3-6 中力学模型需要分成 $(-\infty，0]$、$[0，l_1]$、$[l_1，l]$ 与 $[l，l+L]$ 4 段构建挠度微分方程组，其自然边界条件及连续条件从左到右依次列出为：

$$
\begin{cases}
y_2(-\infty)=q_2/C，\ y_2'(-\infty)=0，\ y_2(0)=y_1(0)，\ y_2'(0)=y_1'(0) \\
y_2''(0)=y_1''(0)，\ y_2'''(0)=y_1'''(0)，\ y_2^{(4)}(0)=y_1^{(4)}(0)，\ y_{11}(l_1)=y_{12}(l_1) \\
y_{11}'(l_1)=y_{12}'(l_1)，\ y_{11}''(l_1)=y_{12}''(l_1)，\ y_{11}'''(l_1)=y_{12}'''(l_1)，\ y_{11}^{(4)}(l_1)=y_{12}^{(4)}(l_1) \\
y_{12}(l)=y_{13}(l)，\ y_{12}'(l)=y_{13}'(l)，\ y_{12}''(l)=M_m/EI，\ y_{12}'''(l)=-Q_m/EI \\
y_3'(l+L)=0 \ Q(l+L)=0，\ M(l+L)=0
\end{cases} \tag{3-11}
$$

计算过程中定义基本顶上侧受拉的弯矩时剪应力逆时针方向为正，式中负号表示采空区上方基本顶剪应力方向为顺时针。

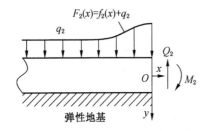

图 3-7　基本顶应力峰值左侧弹性地基模型

3.2.3　基本顶破断前挠度与弯矩解

1. 弹性地基梁挠度方程的形式解

基本顶弹性基础部分上覆荷载分为两部分，$(-\infty，0]$ 区段基本顶上方分布荷载满足 $F_2(x)$，如图 3-7 所示。

将基本顶视为半无限长梁，$(-\infty，0]$ 区段基本顶上方分布荷载满足 $F_2(x)$，记该区段基本顶挠度为 $y_2(x)$，此段基本顶的挠度微分方程为：

$$EIy_2^{(4)}(x)+ky_2(x)=k_2(x_{c2}-x)\mathrm{e}^{\frac{x-x_{c2}}{x_{c2}}}+q_2 \quad (x \leqslant 0) \tag{3-12}$$

式中，E 为基本顶弹性模量，I 为基本顶惯性矩。

令 $\beta=(G/4EI)^{1/4}$，β 的单位量纲为 m^{-1}，则式（3-12）可以写成：

$$y_2^{(4)}(x)+4\beta^4 y_2(x)=\frac{k_2}{EI}(x_{c2}-x)\mathrm{e}^{\frac{x-x_{c2}}{x_{c2}}}+\frac{q_2}{EI} \quad (x \leqslant 0) \tag{3-13}$$

$(-\infty，0]$ 区段基本顶 $\mathrm{d}x$ 段的挠度微分方程的边界条件为

$$
\begin{cases}
y_2(-\infty)=\dfrac{q_2}{G}=\dfrac{q_2}{4\beta^4 EI} \\
y_2'(-\infty)=0
\end{cases} \tag{3-14}
$$

式（3-13）为四阶常系数非齐次线性微分方程，它的解由相应于该式的齐次线性微分方程的通解 $Y_2(x)$ 和特解 $y_2^*(x)$ 组成，该式的非齐次项是两项，运用叠加原理，分别求解公式右侧两项的两个特解，两个特解与通解相加即可得到 $y_2(x)$，即

$$y_2(x)=Y_2(x)+y_{21}^*(x)+y_{22}^*(x) \tag{3-15}$$

式（3-13）的齐次方程为

$$y_2^{(4)}+4\beta^4 y_2=0 \tag{3-16}$$

求解后得到通解的形式为

$$Y_2(x)=e^{\beta x}(a_1\cos\beta x+a_2\sin\beta x) \tag{3-17}$$

式（3-13）的两项特解分别为

$$\begin{cases} y_{21}^{*}=\dfrac{q_2}{4\beta^4 EI} \\[3mm] y_{22}^{*}=Q_2(x)\,e^{\frac{x-x_{c2}}{x_{c2}}} \end{cases} \tag{3-18}$$

其中，$Q_2(x)$ 为关于 x 的 2 次多项式，那么 $y_{22}^{*}(x)$ 的 4 阶导数可以写成

$$y_{22}^{*(4)}(x)=e^{\frac{x-x_{c2}}{x_{c2}}}\left(\frac{Q_2(x)}{x_{c2}^4}+\frac{4Q_2'(x)}{x_{c2}^3}+\frac{6Q_2''(x)}{x_{c2}^2}+\frac{4Q_2'''(x)}{x_{c2}}+Q_2^{(4)}(x)\right) \tag{3-19}$$

因式（3-13）的第 1 项 x 的幂为 1，可以将 $Q_2(x)$ 表示为

$$Q_2(x)=b_1 x+b_2 \tag{3-20}$$

将 $y_{22}^{*}(x)$、$y_{22}^{*(4)}(x)$ 代入微分方程：

$$y_2^{(4)}+4\beta^4 y_2=\frac{k_2}{EI}(x_{c2}-x)\,e^{\frac{x-x_{c2}}{x_{c2}}} \tag{3-21}$$

得到

$$\frac{Q_2(x)}{x_{c2}^4}+\frac{4Q_2'(x)}{x_{c2}^3}+\frac{6Q_2''(x)}{x_{c2}^2}+\frac{4Q_2'''(x)}{x_{c2}}+Q_2^{(4)}(x)+4\beta Q(x)=\frac{k_2}{EI}(x_{c2}-x) \tag{3-22}$$

因 $Q_2(x)$ 的二阶及以上导数为 0，整理后可以解得

$$Q_2(x)=\frac{k_2 x_{c2}^4}{kx_{c2}^4+EI}\left(x_{c2}-x+\frac{EIx_{c2}^4}{kx_{c2}^4+EI}\right) \tag{3-23}$$

联立式（3-15）、式（3-17）、式（3-18）、式（3-23）可得到弹性地基（$-\infty$，0]
段基本顶挠曲线微分方程的形式解为

$$y_2(x)=e^{\beta x}(a_1\cos\beta x+a_2\sin\beta x)+\frac{q_2}{4G}+\frac{k_2 x_{c2}^4}{Gx_{c2}^4+EI}\left(x_{c2}-x+\frac{EIx_{c2}}{Gx_{c2}^4+EI}\right)e^{\frac{x-x_{c2}}{x_{c2}}} \tag{3-24}$$

2. ［0，l_1］段弹性地基的挠度方程的形
式解

［0，l］区段基本顶上方应力分布满足 F_1
(x)，其模型如图 3-8 所示。

［0，l_1］段煤体仍为弹性基础，基本顶上方
分布的载荷为 $F_1(x)$，有限长弹性基础梁的挠
度方程与上述求解过程类似，首先设该段梁的挠
度为 $y_{11}(x)$，该段 $\mathrm{d}x$ 的挠度微分方程为

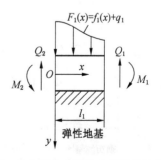

图 3-8 基本顶应力峰值右侧弹性地基模型

$$y_{11}^{(4)}(x)+4\beta^4 y_{11}(x)=\frac{k_1}{EI}(x_{c1}+x)\,\mathrm{e}^{\frac{x+x_{c1}}{x_{c1}}}+\frac{q_1}{EI}\quad(0\leqslant x\leqslant l_1)\tag{3-25}$$

因为该段是有限长梁，上式的通解可以用双曲线函数的形式表示，即

$$y_{11}^{(4)}(x)+4\beta^4 y_{11}(x)=0\tag{3-26}$$

其中

$$y_{11}(x)=a_3\sin\beta x\sinh\beta x+a_4\sin\beta x\cosh\beta x+a_5\cos\beta x\sinh\beta x+a_6\cos\beta x\cosh\beta x\tag{3-27}$$

对式（3-27）进行四次求导后由于各项相互抵消，故四阶导数仍为其本身，即式（3-27）为式（3-26）的通解，而其特解的求解方式与式（3-18）类似，此处不再赘述。由此可得到 $[0, l_1]$ 段的有限长弹性地基基本顶挠曲线微分方程的形式解为

$$y_{11}(x)=a_3\sin\beta x\sinh\beta x+a_4\sin\beta x\cosh\beta x+a_5\cos\beta x\sinh\beta x+a_6\cos\beta x\cosh\beta x+\frac{q_1}{4G}+$$

$$\frac{k_1 x_{c1}^4}{G x_{c1}^4+EI}\left(x_{c1}+x+\frac{4EI x_{c1}}{G x_{c1}^4+EI}\right)\mathrm{e}^{-\frac{x+x_{c1}}{x_{c1}}}\tag{3-28}$$

3. $[l_1, l]$ 段损伤地基的基本顶挠度方程的形式解

$[l_1, l]$ 段受上工作面采动影响，地基发生塑性破坏，为损伤地基。该段基本顶上方应力分布仍符合 $F_1(x)$，其模型如图 3-9 所示。

记 $[l_1, l]$ 段基本顶挠度为 $y_{12}(x)$，其同样为有限长梁，其求解过程与 $y_{11}(x)$ 相同。受工作面采动影响，煤体已发生塑性破坏，需要将 $y_{11}(x)$ 形式解中弹性地基系数 G 替换为损伤地基的地基系数为 G_d。令 $\beta_d=(G_d/4EI)^{1/4}$，那么，损伤地基的基本顶挠度方程的形式解为：

$$y_{12}(x)=a_3\sin\beta_d x\sinh\beta_d x+a_4\sin\beta_d x\cosh\beta_d x+a_5\cos\beta_d x\sinh\beta_d x+a_6\cos\beta_d x\cosh\beta_d x+$$

$$\frac{q_1}{4G_d}+\frac{k_1 x_{c1}^4}{G_d x_{c1}^4+EI}\left(x_{c1}+x+\frac{4EI x_{c1}}{G_d x_{c1}^4+EI}\right)\mathrm{e}^{-\frac{x+x_{c1}}{x_{c1}}}\tag{3-29}$$

4. $[l, l+L]$ 段采空区上方基本顶挠度方程的形式解

$[l, l+L]$ 段基本顶为悬臂梁状态，其上方应力分布符合 $F_1(x)$，其模型如图 3-10 所示。

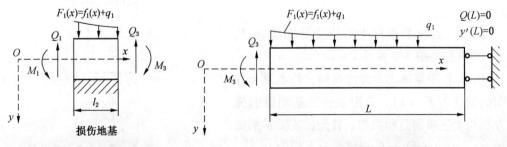

图 3-9　损伤地基段模型　　　　图 3-10　采空区上方基本顶模型

36

记 $[l, l+L]$ 段基本顶挠度为 $y_3(x)$，基本顶上覆载荷对 x 截面取矩，可以得到此段基本顶的挠曲微分方程为

$$EIy_3''(x) = M_3 - Q_3 x + \frac{1}{2}q_1 x + \int_l^{l+L} k_1(t+x_{c1}) e^{-\frac{t+x_{c1}}{x_{c1}}} (x-t)\,dt \quad (l \leqslant x \leqslant l+L) \tag{3-30}$$

式中，Q_3、M_3 均为基本顶在 $x=l$ 截面的内力。

对式（3-30）分别进行一次与二次积分，得到：

$$EIy_3' = \frac{q_1(x-l)^3}{6} - \frac{Q_3(x-l)^2}{2} + M_3(x-l)^2 + k_1 x_{c1}^4 \left[\left(\frac{x}{x_{c1}} + 4 \right) e^{-\frac{x+x_{c1}}{x_{c1}}} + \frac{3x}{ex_{c1}} - \frac{x^2}{ex_{c1}^2} \right] + c_1 \quad (l \leqslant x \leqslant l+L) \tag{3-31}$$

$$EIy_3 = \frac{q_1(x-l)^4}{24} - \frac{Q_3(x-l)^3}{6} + \frac{M_3(x-l)^2}{2} + k_1 x_{c1}^5 \left[\left(\frac{x}{x_{c1}} + 5 \right) e^{-\frac{x+x_{c1}}{x_{c1}}} - \frac{3x^2}{2ex_{c1}^2} + \frac{x^3}{3ex_{c1}^3} \right] +$$
$$c_1 x + c_2 \quad (l \leqslant x \leqslant l+L) \tag{3-32}$$

从式（3-31）、式（3-32）中可以看到，关于 y_3 的形式解中包含未知常数 c_1 和 c_2，由式（3-11）中的边界条件 $y_3'(l+L) = 0$，结合式（3-31）可以确定常数 c_1，即

$$c_1 = \frac{q_1 L^3}{6} - \frac{Q_3 L^2}{2} + M_3 L^2 + k_1 x_{c1}^4 \left[\left(\frac{L}{x_{c1}} + 4 \right) e^{-\frac{L+x_{c1}}{x_{c1}}} + \frac{3L}{ex_{c1}} - \frac{L^2}{ex_{c1}^2} \right] \tag{3-33}$$

由式（3-11）中连续条件 $y_2 = y_3$，可以确定常数 c_2。

5. 挠度方程待定系数的确定

各段关于挠度的表达式中含有待定系数，因此需要对各待定系数进行求解。根据式（3-11）中 $x=0$ 的挠度、弯矩、剪力与倾角连续条件，对式（3-24）、式（3-28）、式（3-29）分别求其 1~3 阶导数，从式（3-28）、式（3-29）中可以看出，$q_1/4G_d$ 是常数项，不影响求导结果，因此可以写出关于待定系数 $a_1 \sim a_6$ 的代数方程组：

$$\begin{cases} a_1 - a_6 = A_1 x_{c1}^3 (1+B_1) - A_2 x_{c2}^3 (1+B_2) + \dfrac{q_1 - q_2}{C} \\[2mm] a_2 - a_3 = \dfrac{A_1 x_{c1}(B_1-1) - A_2 x_{c2}(B_2-1)}{2\beta^2} \\[2mm] a_4 - a_2 = \dfrac{A_1 x_{c1}^2 B_1 + A_2 x_{c2}^2 B_2}{2\beta} + \dfrac{A_1(B_1-2) - A_2(B_2-2)}{4\beta^3} \\[2mm] a_5 - a_1 = \dfrac{A_1 x_{c1}^2 B_1 + A_2 x_{c2}^2 B_2}{2\beta} - \dfrac{A_1(B_1-2) - A_2(B_2-2)}{4\beta^3} \end{cases} \tag{3-34}$$

式（3-34）中的相关系数为

$$\begin{cases} A_1 = \dfrac{k_1}{EI} \dfrac{x_{c1}^2 e^{-1}}{1+Cx_{c1}^4}, \quad A_2 = \dfrac{k_2}{EI} \dfrac{x_{c2}^2 e^{-1}}{1+Cx_{c2}^4} \\[3mm] B_1 = \dfrac{4}{1+Cx_{c1}^4}, \quad\quad B_2 = \dfrac{4}{1+Cx_{c2}^4} \end{cases} \tag{3-35}$$

因式（3-28）与式（3-29）的待定系数相同，所受载荷均为 $F_1(x)$，求解 $a_3 \sim a_6$ 时，可将两式分别计算验证。

结合式（3-28）的 1~3 阶导数与式（3-11）中 $x=l_1$ 的挠度、弯矩、剪力与倾角连续条件，可得到关于待定系数 $a_3 \sim a_6$ 的 4 个代数方程：

$$a_3\sin\beta l_1\sinh\beta l_1+a_4\sin\beta l_1\cosh\beta l_1+a_5\cos\beta l_1\sinh\beta l_1+a_6\cos\beta l_1\cosh\beta l+$$

$$\frac{q_1}{C}+\frac{k_1}{EI}\frac{x_{c1}^5}{1+Cx_{c1}^4}e^{-\frac{l_1+x_{c1}}{x_{c1}}}\left(B_1+\frac{l_1}{x_{c1}}+1\right)=\frac{k_1 x_{c1}^5}{EI}\left(\frac{l_1}{x_{c1}}+5\right)e^{-\frac{l_1+x_{c1}}{x_{c1}}}-\frac{5k_1 x_{c1}^5}{eEI} \tag{3-36}$$

$$\beta\big[a_3(\cos\beta l_1\sinh\beta l_1+\sin\beta l_1\cosh\beta l_1)+a_4(\cos\beta l_1\cosh\beta l+\sin\beta l_1\sinh\beta l_1)+a_5(\cos\beta l_1\cosh$$

$$\beta l-\sin\beta l_1\sinh\beta l_1)+a_6(\cos\beta l_1\sinh\beta l_1-\sin\beta l_1\cosh\beta l_1)\big]=$$

$$\frac{k_1}{EI}e^{-\frac{l_1+x_{c1}}{x_{c1}}}\left[\frac{x_{c1}^5}{1+Cx_{c1}^4}\left(B_1+\frac{l_1}{x_{c1}}\right)-x_{c1}^4\left(\frac{l_1}{x_{c1}}+4\right)\right] \tag{3-37}$$

$$2\beta^2(a_3\cos\beta l_1\cosh\beta l_1+a_4\cos\beta l_1\sinh\beta l_1-a_5\sin\beta l_1\cosh\beta l_1-a_6\sin\beta l_1\sinh\beta l)=$$

$$\frac{k_1}{EI}e^{-\frac{l_1+x_{c1}}{x_{c1}}}\left[x_{c1}^3\left(\frac{l_1+x_{c1}}{x_{c1}}+3\right)-\frac{x_{c1}^3}{1+Cx_{c1}^4}\left(B_1+\frac{l_1}{x_{c1}}-1\right)\right] \tag{3-38}$$

$$2\beta^3\big[a_3(\cos\beta l_1\sinh\beta l_1-\sin\beta l_1\cosh\beta l_1)+a_4(\cos\beta l_1\cosh\beta l-\sin\beta l_1\sinh\beta l_1)-a_5(\cos\beta l_1$$

$$\cosh\beta l_1+\sin\beta l_1\sinh\beta l_1)-a_6(\cos\beta l_1\sinh\beta l_1+\sin\beta l_1\cosh\beta l_1)\big]=$$

$$\frac{k_1 x_{c1}^2}{EI}e^{-\frac{l_1+x_{c1}}{x_{c1}}}\left[\frac{1}{1+Cx_{c1}^4}\left(B_1+\frac{l_1}{x_{c1}}-2\right)-\left(\frac{l_1}{x_{c1}}+2\right)\right] \tag{3-39}$$

式（3-36）~式（3-39）的右端均为已知量，在后续计算中向左端代入具体参数，即可求得系数 $a_1 \sim a_6$，继而进一步求得弹性地基与损伤地基上方基本顶的挠度。

根据式（3-11）中 $Q(l+L)$ 的剪力与弯矩条件，可得到采空区上方基本顶左端的剪力与弯矩分别为：

$$\begin{cases}
Q_3=q_1L+\displaystyle\int_l^{l+L}k_1(x+x_{c1})e^{-\frac{x+x_{c1}}{x_{c1}}}\,\mathrm{d}x \\[2mm]
\quad=q_1L+k_1 x_{c1}^2\left[\left(\dfrac{l}{x_{c1}}+2\right)e^{-\frac{l+x_{c1}}{x_{c1}}}-\left(\dfrac{l+L}{x_{c1}}+2\right)e^{-\frac{l+L+x_{c1}}{x_{c1}}}\right] \\[4mm]
M_3=\dfrac{q_1L^2}{2}+\displaystyle\int_l^{l+L}k_1(x+x_{c1})e^{-\frac{x+x_{c1}}{x_{c1}}}(x-l)\,\mathrm{d}x \\[2mm]
\quad=\dfrac{q_1L^2}{2}+k_1 x_{c1}^3\left[\left(\dfrac{l}{x_{c1}}+3\right)e^{-\frac{l+x_{c1}}{x_{c1}}}-\left(\dfrac{l+L}{x_{c1}}+3+\dfrac{lL+L^2+2x_{c1}L}{x_{c1}^2}\right)e^{-\frac{l+L+x_{c1}}{x_{c1}}}\right]
\end{cases} \tag{3-40}$$

将得到的 Q_3、M_3 代入式（3-32）中可以得到常数采空区上方基本顶挠度形式解中常数 c_1、c_2。结合式（3-35）、式（3-36）、式（3-37），可以得到关于采空区上方基本顶 y_3 的解。

已知基本顶岩梁的弯矩表达式为

$$M(x) = EIy''(x) \tag{3-41}$$

将式（3-24）、式（3-28）、式（3-29）二次求导的结果及式（3-30）的结果，代入式（3-41），求得基本顶各段的挠度与弯矩表达式，即

$$(x \leqslant 0), \begin{cases} y(x) = e^{\beta x}(a_1 \cos \beta x + a_2 \sin \beta x) + \dfrac{q_2}{C} + \dfrac{k_2 x_{c2}^4 e^{\frac{x-x_{c2}}{x_{c2}}}}{C x_{c2}^4 + EI}\left(x_{c2} - x + \dfrac{EI x_{c2}}{C x_{c2}^4 + EI}\right) \\[4mm] M(x) = 2EI\beta^2 e^{\beta x}(a_2 \cos \beta x - a_1 \sin \beta x) + \dfrac{k_2 x_{c2}^2 e^{\frac{x-x_{c2}}{x_{c2}}}}{C x_{c2}^4 + EI}\left(\dfrac{EI x_{c2}}{C x_{c2}^4 + EI} - x - x_{c2}\right) \end{cases} \tag{3-42}$$

$$(0 \leqslant x \leqslant l_1), \begin{cases} y(x) = a_3 \sin \beta x \sinh \beta x + a_4 \sin \beta x \cosh \beta x + a_5 \cos \beta x \sinh \beta x + \\[2mm] \quad a_6 \cos \beta x \cosh \beta x + \dfrac{q_1}{4C} + \dfrac{k_1 x_{c1}^4}{C x_{c1}^4 + EI}e^{-\frac{x+x_{c1}}{x_{c1}}}\left(x_{c1} + x + \dfrac{4EI x_{c1}}{C x_{c1}^4 + EI}\right) \\[4mm] M(x) = 2\beta^2(a_3 \cos \beta x \cosh \beta x + a_4 \cos \beta x \sinh \beta x - a_5 \sin \beta x \cosh \beta x - \\[2mm] \quad a_6 \sin \beta x \sinh \beta x) + \dfrac{k_1 x_{c1}^4}{C x_{c1}^4 + EI}e^{-\frac{x+x_{c1}}{x_{c1}}}\left(x - x_{c1} + \dfrac{4EI x_{c1}}{C x_{c1}^4 + EI}\right) \end{cases} \tag{3-43}$$

$$(l_1 \leqslant x \leqslant l), \begin{cases} y(x) = a_3 \sin \beta_d x \sinh \beta_d x + a_4 \sin \beta_d x \cosh \beta_d x + a_5 \cos \beta_d x \sinh \beta_d x + \\[2mm] \quad a_6 \cos \beta_d x \cosh \beta_d x + \dfrac{q_1}{4G_d} + \dfrac{k_1 x_{c1}^4}{G_d x_{c1}^4 + EI}e^{-\frac{x+x_{c1}}{x_{c1}}}\left(x_{c1} + x + \dfrac{4EI x_{c1}}{G_d x_{c1}^4 + EI}\right) \\[4mm] M(x) = 2\beta_d^2(a_3 \cos \beta_d x \cosh \beta_d x + a_4 \cos \beta_d x \sinh \beta_d x - a_5 \sin \beta_d x \cosh \beta_d x - \\[2mm] \quad a_6 \sin \beta_d x \sinh \beta_d x) + \dfrac{k_1 x_{c1}^4}{C_d x_{c1}^4 + EI}e^{-\frac{x+x_{c1}}{x_{c1}}}\left(x - x_{c1} + \dfrac{4EI x_{c1}}{C_d x_{c1}^4 + EI}\right) \end{cases} \tag{3-44}$$

$$(x \geqslant l), \begin{cases} y(x) = \dfrac{1}{EI}\dfrac{q_1(x-l)^4}{24} - \dfrac{Q_3(x-l)^3}{6} + \dfrac{M_3(x-l)^2}{2} + c_1 x + c_2 + \\[2mm] \quad k_1 x_{c1}^5 \left[\left(\dfrac{x}{x_{c1}} + 5\right)e^{-\frac{x+x_{c1}}{x_{c1}}} - \dfrac{3x^2}{2ex_{c1}^2} + \dfrac{x^3}{3ex_{c1}^3}\right] \\[4mm] M(x) = \dfrac{q_1 L^2}{2} + k_1 x_{c1}^3\left[\left(\dfrac{l}{x_{c1}} + 3\right)e^{-\frac{l+x_{c1}}{x_{c1}}} - \left(\dfrac{l+L}{x_{c1}} + 3 + \dfrac{lL + L^2 + 2x_{c1}L}{x_{c1}^2}\right)e^{-\frac{l+L+x_{c1}}{x_{c1}}}\right] \end{cases} \tag{3-45}$$

已有研究成果指明，基本顶主要是由于弯矩增大过程中超过基本顶表面岩石的抗拉强度而发生的破断，并且煤体上方的基本顶弯矩要大于采空区上方的基本顶弯矩，因此基本顶首先于煤体上方发生破断。根据式（3-42）~式（3-45）可以得到弹性地基与损伤地基支承的基本顶的最大挠度与最大弯矩值，即可确定基本顶深入煤体的断裂位置。

3.2.4 基本顶岩梁弯曲变形及断裂位置规律

本节主要研究特厚煤层窄煤柱沿空巷道失稳机理与控制技术，所以假定基本顶物理力学参数为不变量，只研究煤层厚度变化对基本顶断裂位置的影响。基本顶力学性质等基础参数主要引用李新元等给出数据，基本顶厚度为 10 m，基本顶弹性模量 $E = 25$ GPa；取平面问题，基本顶惯性矩 $I = bh^3/12 (b=1)$，则 $I = 83.33 m^4$，进而得到基本顶抗弯刚度 $EI = 2083.25 \times 10^9 (N \cdot m^2)$。基本顶上方载荷的分布参照潘岳等提供的相关参数，$q_1 = 0.45 \times 10^6$ (N/m)，$q_2 = 3 \times 10^6$ (N/m)，$f_{c1} = 30 \times 10^6$ (N/m)，$f_{c2} = 16 \times 10^6$ (N/m)，$x_{c1} = 2$ m，$x_{c2} = 6$ m。

根据式（3-7）计算得到损伤地基宽度 l_2，因本节主要研究特厚煤层基本顶断裂位置，煤层厚度为变量，所以 l_2 会随煤层厚度的变化而变化，那么基本顶上覆载荷峰值至煤壁的距离 l 也会随之变化。钱鸣高等的研究成果指出，随着煤层厚度的增加，煤层中的极限平衡区宽度增大，基本顶上的应力峰值与煤壁的距离也有增大的趋势，但 l/l_2 却逐渐减小，所以地基厚度较大时取较小值，地基厚度较小时取较大值，此处计算中分别取值 1.5、1.4、1.3。基本顶压力峰值随煤层厚度增大逐渐减小，一般为煤层支承压力峰值的 0.6 倍左右，损伤地基宽度计算所需参数如下：$H = 300$ m，$\gamma = 5$ kN/m³，$\varphi = 30°$，$C = 1.0$ MPa，m 分别取 6~12 m，根据相关研究成果，煤层支承压力集中系数随煤层厚度增大逐渐减小，所以 K 取值为 1.4~4。根据式（3-2）可知，由于煤层厚度的变化，煤层与直接顶组成的地基系数会发生变化，因此需要计算不同煤层厚度时的地基系数，计算所需相关参数：煤层弹性模量取 5 GPa，泊松比取 0.4；直接顶厚度为 5 m，弹性模量取 15 GPa，泊松比取 0.25，求得地基相关参数见表 3-3。由表可知，随着煤层厚度的增加，煤层损伤地基宽度逐渐增大，煤层与直接顶组成的地基系数逐渐减小，两者呈负相关性，即地基软化程度增大。

表 3-3　地基相关参数

煤层厚度/m	损伤地基宽度 l_2/m	基本顶应力峰值与煤壁距离 l/m	煤层基础系数 G_{01}/GPa	弹性地基系数 G/GPa
6	6.5	13	0.99	0.76
7	7.4	13.3	0.85	0.67
8	8.1	13.8	0.74	0.60
9	9.0	14.0	0.66	0.55
10	9.7	14.6	0.60	0.51
11	10.3	14.9	0.54	0.46
12	11.1	16.1	0.50	0.43

根据式（3-42）~式（3-45）选取相关特征点进行计算，可以绘制基本顶断裂前不同煤层厚度地基岩梁的挠度特征曲线，煤壁位置以煤层厚度 12 m 时基本顶支承压力峰值与

煤壁的距离确定（下同），如图 3-11 所示。

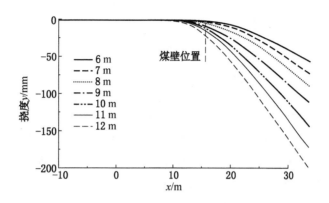

图 3-11　不同煤层厚度时基本顶挠度曲线

从图 3-11 可以发现，由煤壁附近至采空区，基本顶挠度逐渐增大，深入煤体内部，基本顶受上下煤岩层夹持作用，挠度逐渐趋于 0。煤层厚度为 6 m、7 m、8 m、9 m、10 m、11 m、12 m 时，煤壁位置对应的基本顶挠度为 2.8 mm、3.9 mm、5.4 mm、8.2 mm、12.6 mm、18.6 mm、30.8 mm，随着煤层厚度的增大，地基软化程度增加，基本顶挠度值也随之增大，且增大趋势同样逐渐增大。

继续根据式（3-42）~式（3-45）选取相关特征点进行计算，绘制基本顶断裂前不同煤层厚度地基岩梁的弯矩分布曲线，如图 3-12 所示。

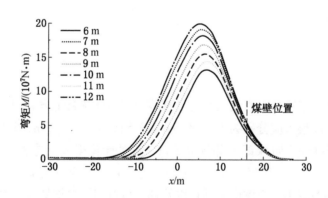

图 3-12　不同煤层厚度时基本顶弯矩曲线

由图 3-12 可以发现，煤壁位置基本顶弯矩并非为极大值，基本顶弯矩极大值位于煤体上方，对于煤层厚度分别为 6 m、7 m、8 m、9 m、10 m、11 m、12 m 时，对应的弯矩极大值分别为 13.2×10^7 N·m、14.4×10^7 N·m、15.5×10^7 N·m、16.9×10^7 N·m、18.2×10^7 N·m、19.1×10^7 N·m、19.9×10^7 N·m，在 $x = -15$ m 左右的前方基本顶岩梁弯矩逐

渐趋于 0。按照最大拉应力强度条件判定基本顶弯矩达到极大值处发生断裂，弯矩极大值对应的位置与煤帮的距离分别为 9.3 m、9.7 m、9.9 m、10.2 m、10.6 m、10.9 m、11.4 m。从以上数据可以发现，首先，随着煤层厚度的增加，基本顶断裂位置逐渐向深部转移；其次，断裂位置深入煤壁内部且超出损伤地基的范围，位于于弹性地基上方。

3.3 基本顶断裂位置与窄煤柱稳定性的内在联系

由 3.1 节的分析可知，巷道稳定性与基本顶断裂位置密切相关，为保证沿空巷道的稳定性，选择沿空巷道布置位置时，需要尽量避免将巷道布置在基本顶断裂位置的下方。若以沿空巷道位于断裂线位置以里为前提条件，基于 3.1 节基本顶断裂位置的计算结果，可以得到煤层厚度与基本顶断裂位置、留设窄煤柱宽度的关系曲线，巷道宽度取 4 m，计算窄煤柱宽度，煤柱宽度取值时四舍五入取 0.5 的倍数，计算结果如图 3-13 所示。

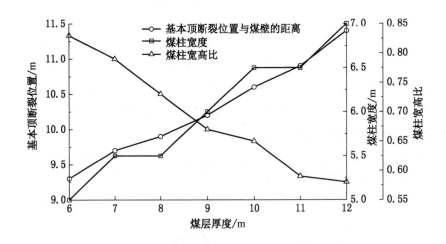

图 3-13 煤层厚度与基本顶断裂位置、煤柱宽度、煤柱宽高比的关系

为了尽量将巷道布置在断裂线以里（断裂线位于实体煤帮上方），煤层厚度为 6~12 m 时，窄煤柱留设宽度最大应分别为 5 m、5.5 m、5.5 m、6 m、6.5 m、6.5 m、7 m，煤层厚度每增加 1 m，断裂位置向深部转移约 0.5 m，此时计算得到对应的煤柱宽高比分别为 0.83、0.79、0.73、0.67、0.65、0.59、0.58。可以看到，煤柱宽高比要小于 1，且随煤层厚度增大还要逐渐减小。由图中关系可以发现，虽然随着煤层厚度的增加，基本顶断裂线位置逐渐向深部转移，但其移动的距离小于煤层厚度的增加，也导致煤柱宽度的增加速度小于煤柱高度的增大速度，所以煤柱宽高比逐渐减小。

煤柱稳定性不仅与基本顶断裂位置相关，而且与煤柱宽高比也密切相关。何耀宇等通过数值模拟对比试验得到了煤柱失稳危险性指数与煤柱高宽比的关系，如图 3-14 所示。根据图中关系可以发现，煤柱宽高比越小，煤柱拉伸破坏危险性指数越高，煤柱稳定性越低，尤其是当煤层厚度较大，煤柱宽高比小于 1 时，煤柱的危险性指数明显增大。第 2 章中统计的各矿特厚煤层煤柱失稳案例也验证了上述分析的正确性，如柳巷矿（煤柱 8 m，宽高比 0.73）、庞庞塔矿（煤柱 8 m，宽高比 0.68）、马道头矿（煤柱 8 m，宽高比 0.53）等特厚煤层沿空巷道均发生严重大变形。相对的，沿空巷道稳定的案例主要集中在厚度小于 6 m 的煤层，留设的窄煤柱宽度一般为 3~6 m，通常既能满足基本顶断裂线位于巷道实体煤帮，又能满足煤柱宽高比大于等于 1，如统计中的南梁矿（煤柱 5 m，宽高比 2.5）、祁东矿（煤柱 4 m，宽高比 1.79）、温业矿（煤柱 5 m，宽高比 1.1）等中厚及厚煤层沿空巷道围岩变形量明显减小。

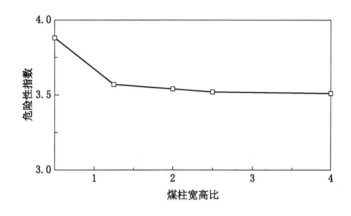

图 3-14　煤柱宽高比与失稳危险性指数的关系

综合看来，窄煤柱在薄及中厚煤层中应用效果良好，与沿空巷道位于断裂线以里，且煤柱宽高比大于 1 有关。但是在特厚煤层中，沿空巷道位置选择就比较困难，需要面临将沿空巷道布置于基本顶断裂线以里时，煤柱宽高比随煤层厚度增大而减小的矛盾关系。如果从煤柱宽高比这方面考虑煤柱的稳定性，那么煤层厚度增大时，同时需要增大煤柱宽度，但是煤柱宽度增大，就导致沿空巷道向基本顶断裂位置靠近，甚至可能将巷道布置于基本顶断裂线下方，这显然是更为不合适的。因此，在保证将巷道布置在基本顶断裂线以里的前提下，如何保持小宽高比的煤柱稳定成为特厚煤层沿空巷道围岩稳定的关键。

3.4　工作面侧向支承压力演化规律

窄煤柱沿空巷道通常在上工作面开采结束覆岩运动稳定以后掘进，侧向支承压力是影响沿空巷道稳定的主要动力。工作面开采过程中，随着采出空间不断加大，伴随着基本顶的破断回转下沉，采空区侧向实体煤支承压力不断演化，可将侧向支承压力的形成与发展大致分为 3 个阶段，如图 3-15 所示。

第一阶段：实体煤处于弹性状态阶段。工作面由开切眼开始回采，破坏了原岩应力场的平衡状态，原本应由煤体承担的载荷，逐渐向采空区周围煤岩体转移，从而实体煤侧向

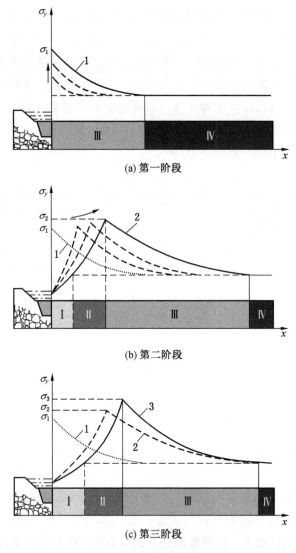

(a) 第一阶段

(b) 第二阶段

(c) 第三阶段

图 3-15　侧向支承压力演化过程

支承压力逐渐增大，支承压力尚未超过煤体的强度极限 σ_1 时，实体煤将处于弹性状态阶段，支承压力峰值始终在煤壁上，并且随着工作面的推进而逐渐增大，直到支承压力峰值超过煤体强度极限时，该阶段结束，如图 3-15a 曲线 1 所示。根据煤体的弹塑性破坏特征，该阶段煤体仅存在弹性区应力增高部分及原岩应力区。需要说明的是此阶段基本顶尚未发生初次破断。

第二阶段：煤帮进入塑性状态至基本顶断裂前阶段。随着工作面的不断推进，采出空间继续增大，更多的采空区上部岩层将重量转移向四周煤体，实体煤侧向支承压力超过煤体强度极限，煤帮边缘破坏，进入塑性状态，伴随煤帮边缘破坏的是该部分煤体处于峰后强度劣化阶段，支撑能力明显下降，那么采空区上部岩层的重量将由煤帮深部的煤体承担。支承压力曲线的演化过程如图 3-15b 所示，煤帮处支承压力明显降低，应力峰值向深部转移，因为附加至实体煤侧的增量载荷是随工作面开采逐渐增大的，所以表现为支承压力峰值向深部逐步转移，直到基本顶断裂前形成如图 3-15b 中所示的支承压力曲线 2。由于向深部发展，煤体的受力状态逐渐由双向受力向三向受力过渡，所以表现为支承压力峰值增大，满足 $\sigma_2 > \sigma_1$。此阶段内，煤体已发展为破裂区、塑性区、弹性区应力增高部分及原岩应力区 4 个部分。

第三阶段：基本顶断裂至回转运动稳定阶段。根据前节分析，基本顶达到一定跨距时深入煤帮内部发生断裂，回转下沉运动过程中将再次加剧煤帮至断裂线之间煤体的破坏程度，导致此范围内煤体承载能力进一步下降，表现为支承压力降低，那么无法承载的多余载荷也将附加至断裂线之外的煤体，支承压力演化过程类似于第二阶段，支承压力峰值继续向深部转移，直至某处煤体的强度极限等于支承压力峰值，并且深部煤体逐渐转为三向受力状态，所以支承压力峰值继续增大，满足 $\sigma_3 > \sigma_2 > \sigma_1$。与第二阶段相比，第三阶段破裂区、塑性区及弹性区应力增高部分范围增大，支承压力曲线如图 3-15c 曲线 3 所示，至此，上工作面采后，侧向支承压力分布演化完成。

4 特厚煤层窄煤柱沿空巷道围岩变形失稳机理

　　基于第二章统计的特厚煤层窄煤柱沿空巷道围岩变形特征，认为沿空巷道煤柱帮、实体煤帮与底板的变形失稳机理不同，本章分别对三者的失稳机理展开研究。构建了掘进阶段、回采阶段煤柱与基本顶关键块之间的力学模型，研究两个阶段煤柱变形机理，并建立了煤柱变形量预计模型。对实体煤帮支承压力分布特征展开研究，探索实体煤帮失稳机理，并通过数值模拟试验进行验证。基于朗肯土压力理论建立了沿空巷道非对称底鼓力学模型，研究了非对称底鼓机理。结合前文的研究结果，阐述特厚煤层窄煤柱沿空巷道稳定控制的难点。

4.1　沿空巷道煤柱变形机理

　　根据窄煤柱沿空巷道与上工作面之间的时空关系，可以大致分为以下 3 类：①待上工作面开采结束，覆岩运动稳定以后掘进巷道；②上工作面开采过程中掘进巷道，巷道掘进方向与工作面推进方向相反，通常称为迎采掘进；③上工作面开采过程中掘进巷道，巷道掘进方向与工作面推进方向一致，掘进工作面滞后工作面一定距离。本节研究的为第一种较为常见的情况，可以将沿空巷道围岩变形分为掘巷和回采两个阶段。对前文统计案例分析发现，沿空巷道掘进阶段围岩变形量较小，而回采阶段围岩变形量倍增，本节对掘进与回采两个阶段煤柱的变形机理展开研究。

4.1.1　掘进阶段沿空巷道煤柱变形机理

　　在上工作面采空区覆岩运动稳定后，沿空巷道掘进前后围岩结构力学模型如图 4-1 所示。基本顶断裂后，其随动层与高位关键层已产生明显离层，所以认为关键块 B 不受高位关键层的作用。从图 4-1a 中可以看到，沿空巷道掘进前，直接顶、关键块 B 及其随动层由断裂线以里的煤体与采空区矸石共同支撑。

　　将煤体对顶板的作用简化为线性载荷分布，由此得到煤体对顶板支护力为

$$P_1 = \frac{(p_1 + p_2)L'}{2} \tag{4-1}$$

式中　P_1——实体煤对顶板的支护力，kN；

　　　p_1——基本顶断裂线处单位宽度的支撑强度，kN/m；

　　　p_2——巷帮处单位宽度的支撑强度，kN/m；

　　　L'——基本顶断裂线至上工作面采空区的距离，m。

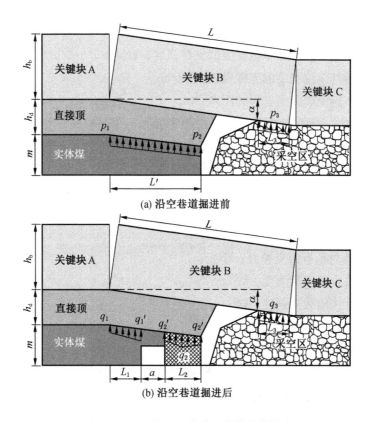

图 4-1 沿空巷道掘进前后结构力学模型

关键块 B 回转下沉触矸前，采空区矸石对顶板无支撑力，当触矸后，采空区矸石受压产生反向作用力，随着矸石不断被压缩，作用力大小与作用范围逐渐增大。假设采空区矸石对关键块 B 的支撑力同样为线性分布，关键块端部受到的作用力最大，向煤柱侧逐渐减小为 0，那么采空区矸石作用力大小 P_3 为

$$P_3 = p_3 L_3 \tag{4-2}$$

可以得到顶板、煤体与采空区矸石之间的力学平衡表达式，即

$$h_d \gamma_d (L') + h_b \gamma_b L + h_s \gamma_s L = P_1 + P_3 \tag{4-3}$$

其中，h_d、h_b、h_s 分别为直接顶、基本顶与随动层的厚度，m；γ_d、γ_b、γ_s 分别为直接顶、基本顶与随动层的容重，kN/m³；L 为关键块 B 的长度，m。

沿空巷道布置在基本顶断裂线以里，掘进后的力学模型如图 4-1b 所示。模型中暂不考虑巷道支护对顶板的支撑作用，直接顶、关键块 B 及其随动层由实体煤、煤柱及采空区矸石 3 个部分共同支撑，达到平衡状态。受关键块 B 回转下沉运动影响，实体煤产生一定的压缩变形，相应的实体煤对顶板起到支撑作用。实体煤帮对顶板的作用简化为线性载荷分布，由此得到实体煤对顶板支护力为

$$F_1 = \frac{(q_1 + q_1') L_1}{2} \tag{4-4}$$

式中　F_1——实体煤对顶板的支护力，kN；

　　　q_1——基本顶断裂线处单位宽度的支撑强度，kN/m；

　　　q_1'——巷帮处单位宽度的支撑强度，kN/m；

　　　L_1——基本顶断裂线至巷帮的距离，m。

煤柱紧邻采空区，上工作面开采对煤柱影响较大，窄煤柱往往整体已发生塑性破坏。煤柱对顶板支撑作用由两侧向中部逐渐增大，呈现中间载荷偏大，两侧载荷偏小的分布，因煤柱两侧边缘实际强度相差不大，所以去相同值，采用平均载荷强度表示，则煤柱作用力 F_2 为

$$F_2 = \frac{(q_2 + q_2')L_2}{2} \tag{4-5}$$

式中　F_2——煤柱对顶板的支护力，kN；

　　　q_2——煤柱中部载荷强度，kN/m；

　　　q_2'——煤柱边缘载荷强度，kN/m；

　　　L_2——煤柱宽度，m。

采空区矸石作用力大小 F_3 为

$$F_3 = q_3 L_3 \tag{4-6}$$

式中　F_3——采空区矸石对顶板的支撑力，kN；

　　　q_3——采空区矸石最大载荷强度，kN/m；

　　　L_3——采空区矸石与关键块 B 的接触宽度，m。

建立力学平衡表达式，即

$$h_d \gamma_d (L_1 + a + L_2) + h_b \gamma_b L + h_s \gamma_s L = F_1 + F_2 + F_3 \tag{4-7}$$

由式（4-7）可以发现，沿空巷道上方结构的稳定性与实体煤帮、煤柱及采空区矸石的作用力呈正相关性，因此若要提高沿空巷道围岩结构的稳定性，主要从提高这三处的承载能力入手。首先，采空区矸石垮落形态虽然人为手段难以改变，但当前常用的充填技术既可以提高采空区矸石的承载强度，又可以减小关键块 B 的回转角度，有利于提高其稳定性及减小煤柱变形；其次，断裂线范围内的实体煤帮和煤柱均在巷道掘进前已发生不同程度的塑性破坏，所以提高实体煤帮与煤柱的残余承载强度，能够提高结构的稳定性。

对比式（4-3）与式（4-7）可以发现，沿空巷道掘进前后，直接顶、基本顶及上方随动层的载荷量未发生变化，而支撑基础的宽度却有所改变，主要体现在侧向煤体对顶板的支撑宽度减小 a（沿空巷道宽度），那么传递给实体煤帮、煤柱帮及采空区矸石的载荷必然增加。由此可以认为，沿空巷道掘进阶段煤柱帮变形机理是由于巷道开挖引起的增量载荷导致巷道的煤柱变形。

假设分摊至三者的增量载荷均等，那么表达式为

$$\Delta\sigma = \frac{1}{3}\left[\frac{h_d\gamma_d(L_1+a+L_2)+h_b\gamma_b L+h_s\gamma_s L}{L_1+L_2+L_3} - \frac{h_d\gamma_d(L_1+a+L_2)+h_b\gamma_b L+h_s\gamma_s L}{L_1+a+L_2+L_3}\right] \tag{4-8}$$

根据式 (4-8)，取 h_d、h_b、h_s 分别为 10 m、20 m、40 m，L 为 25 m，$L_1 = 2$ m，$L_2 = 8$ m，$L_3 = 5$ m，$\gamma_d = \gamma_b = \gamma_s = 25$ kN/m³ 进行计算，得到增量载荷随巷道宽度的变化规律，如图 4-2 所示。

从图中可以看到，随沿空巷道宽度增大，附加至煤柱与实体煤帮的载荷量增大，但是增量载荷较小，巷道宽度每增大 0.2 m，单位宽度煤柱的增量载荷仅为 0.008 MPa 左右。由此可以解释工程案例

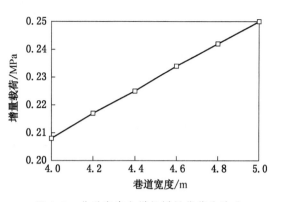

图 4-2 巷道宽度与煤柱增量载荷的关系

中沿空巷道掘进阶段围岩变形量较小的原因，由于沿空巷道的开挖空间较小，巷道上方基本顶的砌体梁结构稳定，不会发生失稳，仅靠增加的增量载荷促使围岩变形，所以围岩变形量较小。需要说明的是，由于煤柱在上工作面采后已发生塑性破坏，在增量载荷导致煤柱变形后，煤柱的稳定性会进一步降低，表现特征为巷道掘进后煤柱区域支承压力降低。

4.1.2 回采阶段沿空巷道煤柱变形机理

图 4-3 为工作面回采期间窄煤柱沿空巷道与关键块 B 的立体关系示意图。

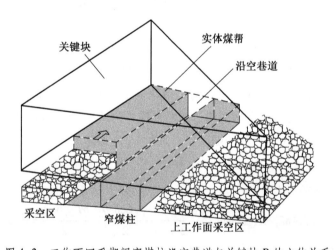

图 4-3 工作面回采期间窄煤柱沿空巷道与关键块 B 的立体关系

从图 4-3 中可以发现，随着工作面的回采，承载关键块 B 的实体煤帮区域逐渐减小，而垮落的直接顶无法充满采空区，那么根据关键块 B 的位态可以将沿空巷道的变形分为两个阶段：一是实体煤帮推进距离较小，关键块 B 发生回转之前；二是实体煤帮推进距离较大，关键块 B 开始回转下沉。

关键块 B 回转下沉前，随着实体煤帮逐渐采出，原由其承担的载荷逐渐转移至煤柱与采空区矸石上，由式（4-8）与图 4-2 可以估算出煤柱的增量载荷，赋值参数不变，巷道

宽度为 4 m 时，得到单位宽度煤柱的增量载荷仅为 0.08 MPa。所以，当实体煤帮推进距离较小时，煤柱的增量载荷仍然较低，由此可以判断回采阶段导致沿空巷道围岩大变形的关键原因并非是载荷量的增加。

随着实体煤帮的推进距离继续增大，当关键块 B 下方的煤体不足以支撑上方重量时，砌体梁结构开始进入失稳状态，关键块 B 向采空区回转下沉，煤柱此时处于给定变形工作状态，必将引起沿空巷道煤柱帮的大变形。

根据基本顶周期破断特征，建立回采阶段关键块 B 的力学模型，如图 4-4 所示，探究本工作面回采过程中煤柱承载能力与关键块 B 稳定性的关系。

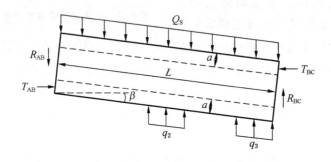

图 4-4　回采阶段关键块 B 力学模型

回采阶段实体煤采出，实体煤帮对上方顶板已无支撑力，关键块 B 此时受煤柱支撑力 q_2，煤柱宽度为 L_2，采空区矸石支撑力为 q_3，支撑宽度为 L_3；因工作面上方基本顶断裂后会向采空区回转下沉，所以相邻岩体 A 对关键块 B 有剪切力 R_{AB} 和水平推力 T_{AB}，关键块 B 与相邻关键块 C 之间还存在剪切力 R_{BC} 和水平推力为 T_{BC}，相邻岩块接触的宽度为 b；关键块 B 自重为 Q_B，关键块 B 控制的随动层自重为 Q_S；关键块倾向长度为 L，高度为 h，回转角度为 θ。

建立力矩平衡关系：

$$M_2 + M_3 - R_{AB}L\cos\theta - \frac{Q_B L\cos\theta}{2} - \frac{Q_S L\cos\theta}{2} - \frac{bT_{BC}\sin\beta}{2} = 0 \tag{4-9}$$

其中，参照图 4-1 中的位置关系可得

$$\begin{cases} M_2 = q_2 L_2\left(L - L_1 - a - \dfrac{L_2}{2}\right)\cos\theta \\ M_3 = \dfrac{q_3 L_3^2}{2}\cos\theta \end{cases} \tag{4-10}$$

由垂直方向力平衡关系可知：

$$q_2 L_2 + q_3 L_3 + R_{BC} - R_{AB} - Q_B - Q_S = 0 \tag{4-11}$$

由水平方向力平衡关系可知：

$$T_{AB} - T_{BC} = 0 \tag{4-12}$$

关键块 A、C 对关键块 B 的水平推力参照钱鸣高等"采场'砌体梁'结构的关键块分析"的结论可得

$$T_{AB} = T_{BC} = \frac{L\cos\theta(Q_B + Q_S - q_2 L_2 - q_3 L_3)}{h - L\sin\theta\cos\theta} \tag{4-13}$$

根据以上分析，本工作面回采过程中关键块 B 若要不发生失稳，需要煤柱的承载强度同时满足式（4-9）与式（4-11），即

$$\begin{cases} q_2 \geqslant \dfrac{2R_{AB}L\cos\theta + Q_B L\cos\theta + Q_S L\cos\theta + bT_{BC}\sin\beta - q_3 L_3^2 \cos\theta}{L_2(2L - 2L_1 - 2a - L_2)\cos\theta} \\[4mm] q_2 \geqslant \dfrac{R_{AB} + Q_B + Q_S - q_3 L_3 - R_{BC}}{L_2} \end{cases} \tag{4-14}$$

结合现场工程案例可知，煤柱的峰后强度难以达到上述条件，所以回采阶段煤柱帮的变形失稳机理为，随着工作面的回采，关键块 B 失去实体煤帮的有效支撑，并由于窄煤柱强度劣化严重，承载能力低，无法限制关键块 B 的回转下沉，导致了沿空巷道煤柱帮的大变形。

结合图 4-3 进一步分析，认为煤柱帮的变形程度主要取决于关键块 B 的回转下沉量以及回转速度，其中关键块 B 的最终下沉量与采空区的充填高度有关，这是人为难以改变的，而关键块 B 的回转时机越晚，对工作面前方煤柱帮的影响距离就越小，因此可以通过降低其回转速度减小煤柱帮的变形量。因为关键块 B 的回转下沉并非是瞬时的，因此可以通过加强煤柱承载强度的方式降低其回转速度及延迟其失稳时间。另外适当加快工作面的推进速度，也可以尽早摆脱失稳关键块的影响，减小沿空巷道围岩变形量。

4.1.3 沿空巷道煤柱变形量预计

为计算分析沿空巷道围岩变形量，需要做出以下几个假设：①基本顶关键块回转下沉过程中，忽略巷道与煤柱上方直接顶的变形量；②沿空巷道掘进前，该位置处的煤体被压缩，待巷道掘进后发生变形。建立沿空巷道掘进与回采阶段煤柱变形量预计简化模型，如图 4-5 所示。

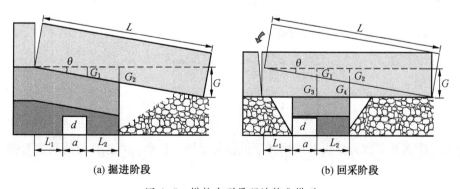

(a) 掘进阶段　　　　　　　　　(b) 回采阶段

图 4-5　煤柱变形量预计简化模型

设基本顶在采空区的触矸点处下沉量为 G，煤层厚度为 M，其中顶煤厚度为 m，采出率为 η，基本顶断裂位置与沿空巷道实体煤帮的距离为 L_1，巷道宽度为 a，高度为 d，煤柱宽度为 L_2，基本顶关键块 B 的断裂长度为 L。

根据煤柱与基本顶的几何关系，有

$$\begin{cases} G_1 = (L_1+a)\tan\theta \\ G_2 = (L_1+a+L_2)\tan\theta \\ G_3 = (L-L_1-a)\tan\theta \\ G_4 = (L-L_1-a-L_2)\tan\theta \end{cases} \tag{4-15}$$

假设沿空巷道煤柱变形来自煤层厚度变化及煤体的扩容，如图 4-6 所示，则煤柱两侧的变形区域 A、B 满足

$$S_A + S_B = \nu S_C \tag{4-16}$$

其中，S_A、S_B、S_C 分别为 A 区、B 区及 C 区的面积；ν 为煤体扩容系数。

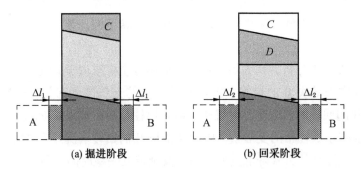

(a) 掘进阶段   (b) 回采阶段

图 4-6 巷道两帮变形量计算模型

假设煤柱两帮的变形量相等，那么根据图中几何关系有

$$\begin{cases} S_A = S_B = \Delta l \cdot d \\ S_C = \dfrac{(G_1+G_2)L_2}{2} \\ S_D = \dfrac{(G_3+G_4)L_2}{2} \end{cases} \tag{4-17}$$

由式（4-15）~式（4-17）可得

$$\begin{cases} \Delta l_1 = \dfrac{\nu(2L_1+2a+L_2)L_2\tan\theta}{4d} \\ \Delta l_2 = \dfrac{\nu(2L-2L_1-2a-L_2)L_2\tan\theta}{4d} \end{cases} \tag{4-18}$$

综放工作面基本顶关键块 B 的回转下沉量与煤层采出率、直接顶垮落高度有关，即存在关系

$$G = M - k(1-\eta)(M-m) - H(K-1) \tag{4-19}$$

其中，H 为直接顶厚度，K 为直接顶碎胀系数，k 为煤体碎胀系数。

由图 4-5 中的几何关系可知

$$\tan\theta = \frac{G}{\sqrt{L^2 - G^2}} \tag{4-20}$$

其中，基本顶关键块 B 的断裂长度为

$$L = \frac{2L'}{17}\left[\sqrt{\left(\frac{10L'}{S'}\right)^2 + 102} - \frac{10L'}{S'}\right] \tag{4-21}$$

其中，L' 为基本顶关键块 B 沿工作面推进方向的断裂长度，一般可视为周期来压步距，m；S' 为工作面长度，m。

联立式（4-18）~式（4-21），可得掘进阶段与回采阶段沿空巷道围岩变形量为

$$\begin{cases} \Delta l_1 = \dfrac{v(2L_1 + 2a + L_2)L_2[M - k(1-\eta)m - H(K-1)]}{4d\sqrt{L^2 - [M - k\eta m - H(K-1)]^2}} \\[4mm] \Delta l_2 = \dfrac{v(2L - 2L_1 - 2a - L_2)L_2[M - k(1-\eta)m - H(K-1)]}{4d\sqrt{L^2 - [M - k\eta m - H(K-1)]^2}} \end{cases} \tag{4-22}$$

式（4-22）建立了煤柱帮变形量与煤层厚度、基本顶断裂位置、巷道尺寸、直接顶厚度、关键块 B、工作面长度等之间的关系。此处仅分析煤层厚度变化对煤柱变形量的影响，假设其他参数为不变量，具体取值为 $v = 0.3$，$L_1 = 2\,\text{m}$，$a = 4\,\text{m}$，$d = 3\,\text{m}$，$L_2 = 5\,\text{m}$，$H = 15\,\text{m}$，$L' = 20\,\text{m}$，$S' = 150\,\text{m}$，$k = 1.08$，$K = 1.1$，$\eta = 0.8$，工作面采高为固定的 3 m，M 取值范围为 3~12 m，首先经计算得到关键块体长度 $L = 26.24\,\text{m}$，进一步得到沿空巷道煤柱帮两个阶段变形量与煤层厚度之间的关系，如图 4-7 所示。

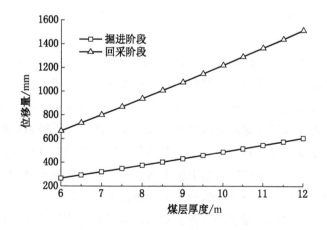

图 4-7 煤柱帮变形量与煤层厚度的关系

从图 4-7 中可以看出，沿空巷道煤柱帮变形量与煤层厚度呈正相关性，随着煤层厚度的增大，掘进阶段与回采阶段沿空巷道煤柱帮变形量均逐渐增大，这是因为随着煤层厚度

增大，采空区垮落矸石与基本顶之间的空间高度增大，基本顶回转下沉对煤柱的扰动增强导致的。还可以看到，回采阶段沿空巷道煤柱帮变形量显著大于掘进阶段，由此说明，回采阶段沿空巷道稳定性主要受控于基本顶关键块 B 的位态特征。

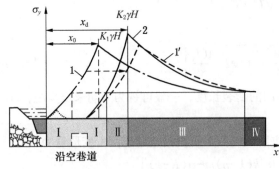

图 4-8　窄煤柱沿空巷道支承压力分布特征

4.2　沿空巷道实体帮变形机理

4.2.1　沿空巷道实体煤帮应力分析

第 3 章分析了上工作面开采过程中侧向支承压力的演化规律，沿空巷道掘进前，实体煤侧的支承压力曲线如图 4-8 中曲线 1 所示，极限平衡区宽度 x_0。

窄煤柱沿空巷道是在上工作面开采结束后，待覆岩运动基本稳定后，紧邻破裂区掘进。以往研究中通常认为窄煤柱沿空巷道掘进后支承压力峰值向实体煤侧偏移的距离为煤柱与巷道宽度之和，这显然没有考虑巷道开挖对应力重新分布的影响。这个问题可以通过假设工作面长度的增加进行判断。假设工作面长度增加 L_1+a（煤柱与巷道宽度之和），那么很容易理解，增加长度后的工作面侧向支承压力分布应如图 4-8 中曲线 $1'$ 所示，即支承压力峰值向煤体深部平移 L_1+a 的距离，记极限平衡区宽度为 x_0'，那么存在 $x_0' = x_0$。同理，若留设的窄煤柱宽度为 L_1，且窄煤柱完全不具备任何承载能力时，沿空巷道开挖后支承压力曲线也应该是向深部平移距离 L_1+a。但是实际上窄煤柱虽然受上工作面采动以及巷道开挖影响发生塑性破坏，强度劣化严重，但并非说明窄煤柱已完全失去承载能力，其仍保留一定的承载能力，可以承担一定的载荷，因此可以判断，窄煤柱沿空巷道掘进后，虽然支承压力峰值会向煤体深部转移，但其偏移的距离应小于 L_1+a。沿空巷道开挖后，实体煤侧的极限平衡区宽度为 x_d，也应存在 $x_d < x_0$，并且掘巷后实体煤侧衍变的破裂区、塑性区宽度均小于上工作面采后实体煤侧形成的破裂区、塑性区宽度。

窄煤柱受沿空巷道开挖影响，内部裂隙的发育程度将进一步增强，其极限承载能力小于巷道开挖前，表现为支承压力降低，所以沿空巷道开挖后原由此部分煤体承担的载荷将增加至实体煤侧，表现为实体煤侧支承压力峰值增大。最终可以得到窄煤柱沿空巷道开挖后支承压力分布应如图 4-8 中曲线 2 所示，其特征为窄煤柱沿空巷道实体煤侧极限平衡区宽度减小，应力峰值增大，导致应力集中程度增大。当本工作面开采时，侧向支承压力与超前支承压力叠加，将会导致应力峰值与应力集中程度进一步增大。

结合第 2 章统计的实体煤帮锚杆（索）表现出来的托盘受压变形特征，印证了窄煤柱沿空巷道实体煤帮的变形机理为高应力集中引起煤体扩容，导致了实体煤帮变形。

4.2.2　数值模拟验证

为验证上述理论分析，采用 FLAC3D 数值模拟软件对沿空巷道开挖前后实体煤侧的应力分布特征进行分析。建立的模型尺寸均为 300 m（长）×20 m（宽）×100 m（高），本构模型采用 Mohr-Coulomb 准则，各煤岩层物理力学参数见表 4-1。煤层埋深 500 m，模型中煤层的上方有 80 m 岩层，因此，在模型顶部施加 420 m×0.025 kN/m³ = 10.5 MPa 的竖直向下压力，补偿上方未建覆岩载荷。模型底部约束纵向位移，模型左右面、前后面约束横向位移。

表 4-1　岩体物理力学参数

性	厚度/m	密度/(kg·m⁻³)	体积模量/GPa	剪切模量/GPa	黏聚力/MPa	抗拉强度/MPa	内摩擦角/(°)
页岩	25	2500	4.23	5.90	8.8	2.75	28
泥岩	8	2550	3.88	3.45	9.6	1.38	30
粉砂岩	25	2600	4.23	4.95	18.8	2.75	32
砂质泥岩	3	2500	3.20	3.50	10.2	1.05	30
煤层	8	1400	1.20	1.10	1.0	0.45	20
泥质砂岩	3	2550	4.30	5.90	7.5	2.80	28
粉砂岩	8	2550	4.98	3.45	8.6	1.40	31
石灰岩	20	2500	6.23	5.90	10.8	2.75	32

试验方案中分别留设不同煤柱宽度（5 m、6 m、7 m）进行验证，上工作面采后及沿空巷道开挖后垂直应力分布结果如图 4-9 所示。

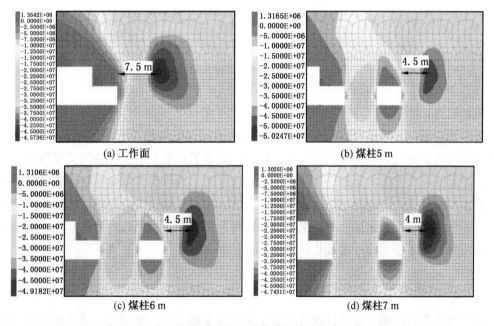

图 4-9　上工作面采后及沿空巷道开挖后垂直应力云图

由试验结果可知，工作面采后实体煤侧支承压力峰值距煤壁 7.5 m，留设 5 m、6 m、7 m 窄煤柱开挖沿空巷道后，支承压力重新分布，煤柱侧处于低应力区，实体煤侧应力集中，支承压力峰值与实体煤帮的距离分别为 4.5 m、4.5 m、4 m，可以明显地发现，支承压力并非向深部平移煤柱与巷道宽度之和的距离，实际上，支承压力峰值与煤帮的距离明显减小，验证了上述理论分析的正确性。

沿巷道煤帮中部的平面提取支承压力数据，结果如图 4-10 所示。窄煤柱宽度为 5 m、6 m、7 m 时，沿空巷道煤柱支承压力峰值分别为 9.0 MPa、9.5 MPa、9.6 MPa，小于自重应力，煤柱处于卸压状态，且留设煤柱宽度越小时，卸压效果越明显。沿空巷道实体煤侧支承压力峰值分别为 44.0 MPa、43.1 MPa、41.8 MPa，较掘巷前的支承压力峰值 38.3 MPa 有明显的增大，分别增大 5.7 MPa、4.8 MPa、3.5 MPa，可以看到随着煤柱宽度的增大，实体煤侧支承压力峰值增量减小，说明煤柱的承载能力加强，承担了更多的载荷。

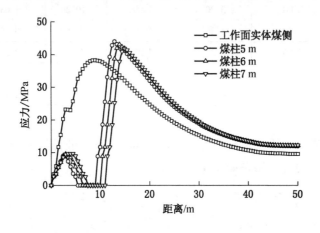

图 4-10　支承压力分布曲线

综上所述，沿空巷道开挖后，实体煤帮极限平衡区宽度减小，而支承压力峰值增大，所以导致沿空巷道实体煤侧应力集中程度明显增大，可以解释沿空巷道实体煤帮的变形，即实体煤帮内的高应力缓慢释放引起煤体扩容，导致了巷帮变形，也验证了窄煤柱的应力分布并非是引起大变形的原因。另外，也从侧面说明了为何深埋窄煤柱沿空巷道实体煤帮仍会发生冲击地压，沿空巷道煤柱处于低应力区，即使受动载扰动仍难以达到应力冲击临界值，而实体煤帮存在高应力集中区，且与巷帮距离较小，当动载与静载应力叠加超过冲击临界值时，可能会导致冲击地压的发生。

4.3　沿空巷道非对称底鼓机理

沿空巷道底鼓问题一直是困扰煤矿安全生产的难题之一。据统计，巷道底鼓量占顶底板移近量的 2/3~3/4，强烈的底鼓不仅带来大量反复的起底工作，增加巷道的维护费用，而且还会引起巷道附近应力重新分布，引发更多的矿压及安全问题。根据第 2 章统计的窄煤柱与宽煤柱沿空巷道非对称底鼓特征进行初步推理，当留设窄煤柱时，高应力主要集中于实体煤帮，最大底鼓位置靠近煤柱帮；而当留设宽煤柱时，煤柱内应力集中程度偏高，最大底鼓位置却靠近实体煤帮，由此说明沿空巷道非对称底鼓特征与巷道两帮的非对称应力环境有关。因此，有必要展开分析两帮垂直应力对底鼓的影响机制。

4.3.1 非对称底鼓机理分析

由上述推理可知，巷道底鼓与巷道两帮集中应力密切相关，若将巷道底板简单地简化为梁模型进行分析，会弱化两帮应力对底鼓的影响，因此决定结合朗肯压力理论，假设底板为黏性土，处于极限平衡状态，建立沿空巷道非对称底鼓力学模型进行分析，如图 4-11 所示。

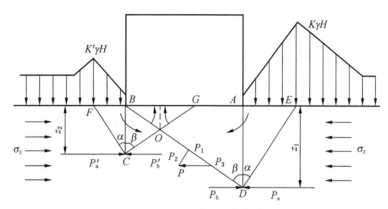

图 4-11 非对称底鼓力学模型

由弹性力学理论可知，半无限平面体均布载荷在底板上的应力分布，与三角形载荷及梯形载荷在底板上的应力分布相差甚微，在满足采矿工程精度要求的前提下，分别对巷道两帮垂直应力简化后用平均垂直应力 $(K+1)\gamma H/2$ 和 $(K'+1)\gamma H/2$ 进行应力增高部分的计算，K、K' 为巷道两帮垂直应力集中系数。

巷道两帮底板均经历过上工作面采动过程中侧向应力的影响，底板破坏深部基本一致，但沿空巷道开挖后，围岩应力重新分布，此时巷道两侧垂直应力往往并非对称分布，那么垂直应力影响的底板塑性岩体深部就有所不同。设巷道右帮底板破坏深度为 z_1，左帮底板破坏深度为 z_2，两帮应力峰值与巷帮距离分别为 AE 和 BF。在垂直载荷作用下，将巷道底板岩体分成以"挡土墙" AD 为界的主动压力区岩体 ADE 和被动压力区岩体 ABD；以 BC 为界的主动压力区岩体 BCF 和被动压力区岩体 BCG。岩体 ADE 和 BCF 在垂直应力和水平应力共同作用下处于主动塑性滑移状态，并具有向巷道自由空间运动的趋势；岩体 ABD 和 BCG 受两侧挤压处于被动塑性滑移状态；COD 下方岩体无运动空间，应力集中程度逐渐增高；而 BOG 岩体受两侧及下方岩体挤压作用，当达到其承载极限时，具有向巷道内隆起的趋势。

底板岩体处于朗肯极限平衡状态时，以巷道右侧底板岩体为例进行受力分析。岩体 ADE 处于主动朗肯状态，承受主动压力 P_a，α 为朗肯主动滑移角，为 $45°-\dfrac{\varphi}{2}$，φ 为岩体内摩擦角；岩体 ADB 处于被动朗肯状态，承受被动压力 P_b，β 为朗肯被动滑移角，为 $45°+\dfrac{\varphi}{2}$。以 D 点的受力进行分析，有

$$\begin{cases} P_a^D = \left(\gamma z_1 + \dfrac{K+1}{2} \gamma H \right) K_a - 2c\sqrt{K_a} \\ P_b^D = \gamma z_1 K_b + 2c\sqrt{K_b} \end{cases} \tag{4-23}$$

式中　　γ——岩层容重，kN/m^3；

　　　　z——底板岩层塑性破坏极限深度，m；

　　　　H——煤层深度，m；

　　　　K——巷道帮部应力集中系数；

　　　　c——底板岩体内聚力；

　　　　K_a——主动土压力系数，$K_a = \tan^2\left(45° - \dfrac{\varphi}{2} \right)$；

　　　　K_b——被动土压力系数，$K_b = \tan^2\left(45° + \dfrac{\varphi}{2} \right)$。

当底板岩体极限平衡状态遭到破坏时，作用于"挡土墙"界面 AD 的总主动压力 P_a 大于总被动压力 P_b，方向水平向左，将推动底板岩体 ADE 产生向左的运动趋势并挤压岩体 ADB。由图 4-11 可知，主动滑移体还受到水平应力 σ_z 的作用。因此，总主动压力、总被动压力及水平应力三者的合力即为岩体 ADB 运动的力源，那么，推动底板岩体 ADB 运动的合力 P 为

$$P = P_a - P_b + \sigma_z \tag{4-24}$$

式中，$\sigma_{z=}\lambda\gamma H$，$\lambda$ 为侧压系数。

同时，由朗肯土压力理论知

$$\begin{cases} P_a = \dfrac{1}{2}\gamma z_1^2 K_a + \dfrac{K+1}{2}\gamma H z_1 K_a - 2cz_1\sqrt{K_a} \\ P_b = \dfrac{1}{2}\gamma z_1^2 K_b + 2cz_1\sqrt{K_b} \end{cases} \tag{4-25}$$

将式（4-25）代入式（4-24）得

$$P = \dfrac{1}{2}\gamma z_1^2(K_a - K_b) + \dfrac{K+1}{2}\gamma H z_1 K_a - 2cz_1(\sqrt{K_a} + \sqrt{K_b}) + \sigma_z \tag{4-26}$$

在合力 P 作用下被动压力区岩体 ADB 具有沿滑移面 BD 的运动趋势。如图 4-11 所示，对合力 P 沿滑移面 BD 作正交分解，得到沿滑移面 BD 的推力 P_1 和垂直滑移面 BD 向下的压力 P_2。

$$\begin{cases} P_1 = P\cos\alpha \\ P_2 = P\sin\alpha \end{cases} \tag{4-27}$$

被动压力区岩体 ADB 运动过程中，压力 P_2 会产生一个沿滑移面 BD 的摩擦力 P_3，其

值为

$$P_3 = P\sin\alpha\tan\varphi \tag{4-28}$$

因此，促使被动压力区岩体 ADB 沿滑移面 BD 运动的力为 P_1 和 P_3 的合力，记为 N，则有

$$\begin{cases} N = P(\cos\alpha - \sin\alpha\tan\varphi) \\ P = \dfrac{1}{2}\gamma z_1^2(K_a - K_b) + \dfrac{K+1}{2}\gamma Hz_1 K_a - 2cz_1(\sqrt{K_a} + \sqrt{K_b}) + \sigma_z \end{cases} \tag{4-29}$$

同理，对岩体 ABC 受力进行分析，得到巷道左侧促使被动压力区岩体 ABC 沿滑移面 AC 运动的力 N' 为

$$\begin{cases} N' = P'(\cos\alpha - \sin\alpha\tan\varphi) \\ P' = \dfrac{1}{2}\gamma z_2^2(K_a - K_b) + \dfrac{K'+1}{2}\gamma Hz_2 K_a - 2cz_2(\sqrt{K_a} + \sqrt{K_b}) + \sigma_z \end{cases} \tag{4-30}$$

从式（4-29）和式（4-30）中可以发现，若作用于巷道底板两侧的推力 P、P' 大小不同，那么促使两侧被动压力区岩体运动的力也不同。对于巷道附近局部的底板岩体，可以认为其内摩擦角与水平应力相同，那么此时沿滑移面运动的力仅与两帮应力集中系数（K、K'）有关，并且成正相关性，也就是说，两帮应力集中程度高的一侧产生的推力大，而应力集中程度低的一侧产生的推力小。

如图 4-12a 所示，巷道两侧应力集中程度不同时，应力集中程度高的一侧将推动相对较多的底板岩体逐渐向应力集中程度低的巷帮侧运动，受两侧相向推力影响，平衡位置靠近低应力帮一侧，最终呈现最大底鼓位置靠近低应力帮的非对称底鼓特征，因工作面沿空巷道两帮应力程度往往差距较大，所以常表现出非对称底鼓特征，由此也解释了第 2 章中留宽煤柱和留窄煤柱沿空巷道的非对称底鼓特征。图 4-12b 所示为风水沟矿 5-1A 西七片回风平巷。

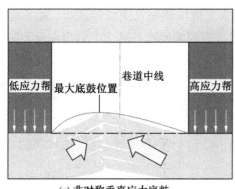

(a) 非对称垂直应力底鼓

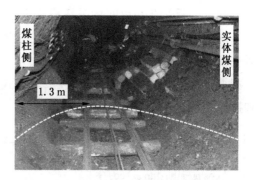

(b) 风水沟矿 5-1A 西七片回风平巷

图 4-12 沿空巷道非对称底鼓

同理，如图 4-13a 所示，当巷道两帮应力集中程度基本相同时，巷道底鼓呈现对称特征，而实体煤巷道、上（下）山或石门等因两帮应力集中程度多数差别不大，所以常表现

出对称底鼓特征。图 4-13b 所示为风水沟煤矿 5 煤运输石门。

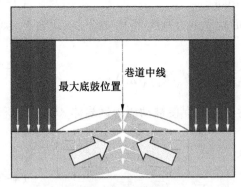
(a) 对称垂直应力底鼓

(b) 风水沟5煤运输石门

图 4-13　沿空巷道对称底鼓

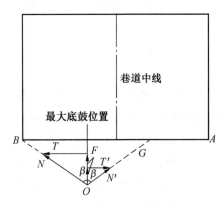

图 4-14　岩体 BOG 受力简图

巷道底板两侧主动压力区岩体沿滑移线运动的交点为 O，即为巷道最大底鼓位置。在两侧岩体推动作用下，COD 下方岩体无运动空间，岩体发生压缩变形，此处岩体积聚弹性能，应力集中程度逐渐增高，而岩体 BOG 上方无约束力，所以会以滑移面为界向巷道内鼓出，因此对岩体 BOG 进行单独的受力分析，如图 4-14 所示。对推力 N 和 N' 在最大底鼓位置沿滑移面作正交分解，可以发现岩体 BOG 不仅受向上的推力作用，而且还受拉力作用，由岩石的力学性质可知，其单轴抗拉强度远小于单轴抗压强度，所以岩体 BOG 的破坏模式为在最大底鼓位置先发生拉伸破断，然后向上鼓出。从现场底鼓特征中可以证明这一点，岩体并非以完整的形态鼓出，而是在最大底鼓位置处往往发生拉伸破断裂缝。

根据三角函数关系，联合式（4-29）、式（4-30）可得到岩体 BOG 所受向上的合力 F 和拉力 T、T'：

$$\begin{cases} F=\left[\dfrac{1}{2}\gamma(z_1^2+z_2^2)(K_a-K_b)+\dfrac{\gamma HK_a}{2}(Kz_1+z_1+K'z_2+z_2)+2\lambda\gamma H-2c(z_1+z_2)(\sqrt{K_a}+\sqrt{K_b})\right]\times \\ \quad(\cos\alpha-\sin\alpha\tan\varphi)\cos\beta \\ T=\left[\dfrac{1}{2}\gamma z_1^2(K_a-K_b)+\dfrac{K+1}{2}\gamma Hz_1K_a-2cz_1(\sqrt{K_a}+\sqrt{K_b})+\lambda\gamma H\right](\cos\alpha-\sin\alpha\tan\varphi)\sin\beta \\ T'=\left[\dfrac{1}{2}\gamma z_2^2(K_a-K_b)+\dfrac{K'+1}{2}\gamma Hz_2K_a-2cz_2(\sqrt{K_a}+\sqrt{K_b})+\lambda\gamma H\right](\cos\alpha-\sin\alpha\tan\varphi)\sin\beta \end{cases}$$

$$(4-31)$$

由式（4-31）可知，影响巷道底鼓的影响因素众多，主要包括埋深、侧压系数、应力集中系数、内摩擦角、内聚力等，下面会对各影响因素进行分析。

4.3.2 底鼓影响因素分析

由式（4-23）可知，F、T 与 T' 的大小直接影响巷道底板岩体的稳定性，采用控制变量法对底板所受力的关键因素（埋深、侧压系数、应力集中系数、内摩擦角、内聚力）进行分析，以明确上述因素对沿空巷道底鼓规律的影响。当以下参数为不变量时，取值分别为 $H = 500\ m$，$\lambda = 1$，$K = 3$，$K' = 0.5$，$\varphi = 30°$，$c = 1000\ kPa$。

图 4-15 为巷道底板所受合力 F 随各影响因素变化的规律。由图 4-15a、图 4-15b、图 4-15c 可知，巷道底板所受合力与巷道埋深、侧压系数、支承压力集中系数呈正相关性，并且随埋深和侧压系数增大呈线性增长，由此可见，深埋巷道比浅埋巷道更易发生底鼓，地质构造区往往侧压系数偏大，故布置在褶皱、断层等构造区附近的巷道也易发生底鼓；巷道底板所受合力与随两帮应力集中系数的增大呈非线性增长，并且曲线斜率逐渐增大，说明随着两帮应力集中程度增大，对巷道底鼓的影响趋势也逐渐增大，受采动影响的沿空巷道通常两帮应力集中程度高且非对称分布，所以沿空巷道底鼓量明显大于其他巷道，并且非对称特征显著。

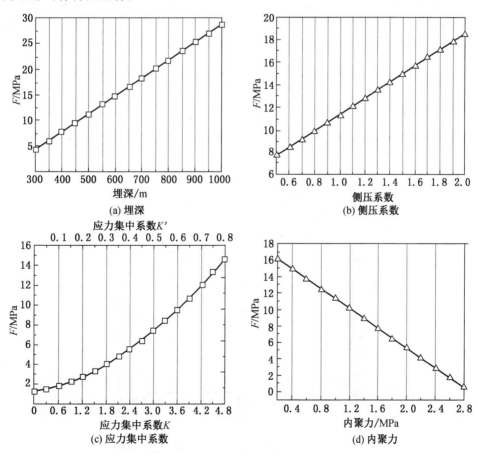

(a) 埋深

(b) 侧压系数

(c) 应力集中系数

(d) 内聚力

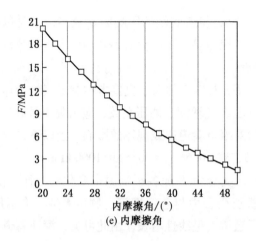

(e) 内摩擦角

图 4-15 各因素对底鼓的影响

图 4-15d、图 4-15e 显示，底板所受合力随内聚力的增大而减小，呈线性关系，随内摩擦角增大而呈非线性减小，减小趋势逐渐降低，由此可见，松软破碎底板更易发生底鼓，而完整坚硬底板抵抗底鼓的能力更强。工作面沿空巷道受上工作面采动、自身开挖及本工作面回采影响，底板岩体往往已出现一定程度的破坏，内摩擦角和内聚力衰减较为严重，所以底板岩体抵抗变形的能力急剧下降。

在以上影响因素中，埋深、应力集中系数与侧压系数对底鼓的影响呈正相关性，其中埋深的地质属性人为难以改变，所以进一步对应力集中系数与侧压系数对底鼓影响的权重进行分析。图 4-16 为应力集中系数 K 与侧压系数的权重对比关系，计算过程中需要固定沿空巷道两侧煤帮中的一侧煤帮应力集中系数 K' 为定值，取 $K'=0.5$，当侧压系数为自变量

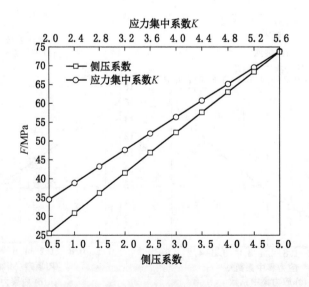

图 4-16 应力集中系数与侧压系数对底鼓的影响

时，取 $K=2.5$，当应力集中系数 K 为自变量时，取侧压系数为 1.5。从图中可以发现，当应力集中系数 K 与侧压系数在合理的取值范围时，应力集中系数对底板应力的影响更大，但是随着侧压系数的增大，两者对底板应力的影响程度的差距逐渐减小，说明在地质构造复杂区域的沿空巷道，应力集中系数和水平应力对底鼓的影响均非常明显。

4.3.3 数值模拟实验

结合前面理论分析，建立数值模型，验证两帮垂直应力对巷道非对称底鼓特征的影响。选用 4.2.2 节模型进行模拟，各煤岩层厚度及物理力学参数同表 4-1 一致。表 4-2 为留设窄煤柱宽度为 5 m、6 m、7 m 及宽煤柱 20 m、30 m 时沿空巷道两帮垂直应力峰值特征数据。

通过表 4-2 可知，窄煤柱沿空巷道煤柱帮处于卸压状态，低于原岩应力，应力集中程度较低；实体煤帮应力峰值明显偏大，且支承压力峰值距离巷帮仅 4~4.5 m，应力集中程度明显大于煤柱帮。宽煤柱沿空巷道垂直应力主要集中于煤柱帮，虽然应力峰值距离巷帮 12.5~13 m，但距离巷道左帮 1.5 m 开始，垂直应力就大于自重应力并持续增长至应力峰值；实体煤侧应力集中程度明显偏低。由此可以说明，窄煤柱沿空巷道底板垂直应力主要来源于实体煤帮，而宽煤柱沿空巷道底板垂直应力主要来源于煤柱帮。

表 4-2 沿空巷道两帮垂直应力峰值特征

煤柱/m	实体煤帮			煤柱帮		
	应力峰值/MPa	集中系数	峰值位置/m	应力峰值/MPa	集中系数	峰值位置/m
5	44.0	3.52	4.5	9.0	0.72	2
6	43.1	3.45	4.5	9.5	0.76	2.5
7	41.8	3.34	4.0	9.6	0.77	2.5
20	23.0	1.84	2	47.7	3.82	12.5
30	14.6	1.17	1.5	46.8	3.74	13

巷道底板岩层因两帮垂直应力分布特征的变化呈现不同的运动趋势，如图 4-17 所示，结合表 4-2 沿空巷道两帮垂直应力分布数据，对底板塑性区分布特征及底鼓趋势进行分析。

图 4-17a 为工作面采后塑性区特征，显示工作面开采时，受侧向支承压力影响，实体煤侧底板出现 6 m 左右的剪切破坏。图 4-17b、图 4-17c、图 4-17d 分别为煤柱宽度 5 m、6 m、7 m 时底板塑性破坏情况。沿空巷道开挖前，受上工作面采动影响，底板岩体已发生剪切破坏，破坏深度约为 6 m，沿空巷道开挖后，底板岩体整体破坏深度无明显增大，但受两帮垂直应力影响巷道下方底板岩体再次发生拉伸破坏，两帮角附近产生剪切破坏，底板岩体稳定性进一步降低。垂直应力分布数据显示巷道两侧垂直应力峰值均距巷帮较近，无明显的距离差别，而煤柱侧垂直应力远低于实体煤侧垂直应力，应力集中程度差异很

大，所以受实体煤侧高垂直应力影响，底板岩体具有向煤柱及采空区侧运动的趋势，且最大底鼓位置也将偏向煤柱帮，呈现明显的非对称底鼓特征。煤柱宽度由 5 m 增大至 7 m 过程中，实体煤帮应力集中程度逐渐降低，对底板的影响作用逐渐减弱，而煤柱应力集中程度增高，所以最大底鼓位置逐渐向巷道中线移近，但巷道底鼓强烈程度仍主要受实体煤帮垂直应力影响。

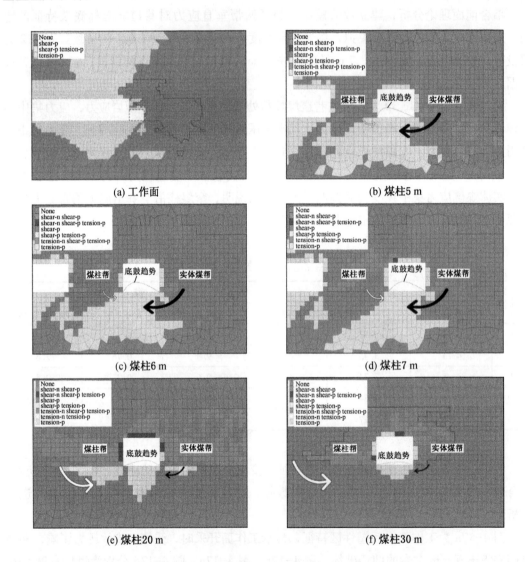

(a) 工作面

(b) 煤柱 5 m

(c) 煤柱 6 m

(d) 煤柱 7 m

(e) 煤柱 20 m

(f) 煤柱 30 m

图 4-17　巷道塑性区发育情况及底鼓趋势

　　图 4-17e、图 4-17f 分别为煤柱宽度为 20 m、30 m 时沿空巷道围岩塑性区发育情况。巷道开挖前，底板岩体基本未发生塑性破坏，巷道开挖后其底板岩体发生拉伸破坏，煤柱宽度 20 m 时拉伸破坏深度 3 m，煤柱宽度 30 m 时拉伸破坏深度 1.5 m，拉伸破坏区深度明

显小于窄煤柱沿空巷道，并且随着煤柱宽度增大，底板岩体破坏深度减小，说明上工作面侧向支承压力对沿空巷道的影响逐渐减弱。煤柱宽度为 20 m 时，煤柱帮底板塑性破坏深度及范围大于实体煤帮，巷道底鼓受煤柱垂直应力影响明显，底板岩体具有向实体煤帮运动的趋势，最大底鼓位置偏向实体煤侧；煤柱宽度 30 m 时，巷道两帮应力逐渐接近实体煤巷道两帮应力分布。煤柱垂直应力峰值距离巷帮 13 m，其对巷道底板的影响已明显减弱，此时巷道底板主要受两帮附近垂直应力影响，所以底板塑性破坏基本呈对称分布，最大底鼓位置也将靠近巷道中线，随着煤柱宽度增大，两帮垂直应力逐渐降低，巷道底鼓趋势减弱，底鼓量亦随之减小。

综上所述，数值模拟实验进一步验证了沿空巷道底鼓呈非对称特征的理论分析：由两帮非对称分布的垂直应力作用于底板岩体，加之水平应力，底板岩体受挤压作用，由应力集中程度高的一侧推动更多的岩体向应力集中程度低的一侧运动，从而形成了非对称底鼓特征。

4.3.4 底鼓控制技术评价

从以上分析可以看出，沿空巷道底鼓的影响因素众多，可以大致分为地质因素（埋深、水平应力、内聚力、内摩擦角）和工程技术因素（应力集中系数）两类。目前防治底鼓的措施也主要是从这两方面因素入手，可以概括为两种防控机制：一是强化底板，增强底板岩体的抗变形能力；二是转移应力或释放应变能，降低引起底鼓的力源。

从上节分析中可知，增大巷道底板内聚力和内摩擦角有利于控制底鼓，但是当前通过技术措施直接增大底板内聚力和内摩擦角是较难实施的。当前在强化煤体方面，主要是基于支护理论通过采用一定的支护方式使底板岩体形成具有一定承载能力的结构，如图 4-18 所示。比如有些矿井采用底板充填加固、锚杆（索）支护或放置反底拱等技术手段使底板岩体形成自成结构来治理底鼓，该类技术投资大、施工工序复杂且周期长，更为适用于服务年限较长的大巷、上山、石门等巷道，而工作面沿空巷道服务年限短，并且底鼓通

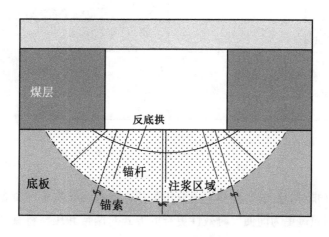

图 4-18　强化底板原理

常伴随整个工作面的开采过程，若通过该类技术治理底鼓，不仅经济方面不合理，而且降低工作面的推进速度。另外，工作面沿空巷道底板受上工作面采动和自身开挖影响，底板岩体已出现一定程度的破坏，内摩擦角和内聚力衰减较为严重，注浆加固等技术手段提升较为有限。

在转移底板应力方面，目前国内外常用的技术手段主要包括切缝、钻孔、松动爆破等，其治理底鼓原理如图4-19所示，使支承压力峰值向深部转移。切缝（钻孔）包括底板切缝（钻孔）和帮部切缝（钻孔），是人为制造裂隙使巷道两侧支承压力向围岩深部转移，底板切缝（钻孔）还有切断水平应力传递路径的作用；松动爆破的原理主要是通过实施爆破产生众多裂缝，弱化煤岩体，将积聚的应变能释放，使底板附近围岩与深部煤岩体脱离，达到原高应力区煤岩体卸压的效果，将高应力向深部岩体转移。以上技术在一些矿井取得了一定的成效，但其卸压能力在时效性、区域性和工程量方面存在一定的弊端，比如钻孔、切缝仅能在塌孔（缝）后起到释放应变能的作用，而随着时间延长，钻孔或切缝重新变至闭合密实后，又具备较强的承载能力，可再次积聚较高的应变能，此时该技术的卸压作用消失；松动爆破是依靠炸药爆炸弱化巷帮或底板，期望将应力向围岩深部转移，但仅少部分爆炸能量用于弱化围岩，其余能量转化为高应力存在于围岩内。另外，切缝（钻孔）都是逐点施工的，并且每个点的降压作用有限，为控制整条巷道的底鼓，需要大量施工切缝（钻孔），从而在区域性控制底鼓与降低工程量方面存在一定的矛盾。

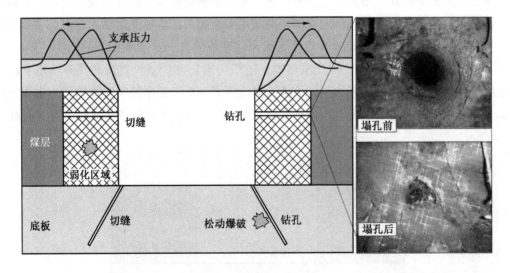

图 4-19　转移底板应力原理

结合沿空巷道非对称底鼓机理与上述分析可知，底板强化措施在窄煤柱沿空巷道中适应性较低，若能够通过更为简便、时效性更长的方式对两帮卸压，将有利于特厚煤层窄煤柱沿空巷道底鼓的控制。

4.4 特厚煤层窄煤柱沿空巷道稳定控制难点

由现场调研及理论分析可知，特厚煤层沿空巷道采用常规布置方式时，具有强采动、软弱煤体、窄煤柱、应力环境复杂、支护耦合性差等诸多特点，这些特点复合叠加增加了巷道稳定维护的难度。结合图 4-20 说明窄煤柱沿空巷道稳定控制的难点，具体体现在4 个方面。

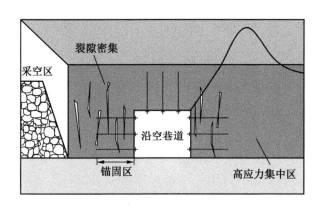

图 4-20　沿空巷道结构与应力特征

（1）围岩力学性质差。上工作面采空区边缘煤体变形、破坏过程中会产生大量裂隙，根据实体煤侧煤体完整性分区可知，低应力区即为破裂区，破裂区内裂隙密集，窄煤柱沿空巷道的布置特点决定了煤柱全部或绝大部分区域位于破裂区，所以煤柱完整性差、强度严重劣化；沿空巷道一般沿煤层底板布置，巷道上方为松软煤体，底板一般也为力学性质较差的沉积岩，受侧向支承压力影响，巷道上方顶煤与底板也均发生不同程度的塑性破坏，当本工作面开采时，受超前支承压力叠加影响，劣化程度进一步增大，这些特点决定了沿空巷道围岩力学性质差的特点。

（2）锚杆（索）支护与煤柱耦合性差。煤柱宽度小、裂隙密集、完整性差的特点决定了煤柱帮支护的难度，锚杆锚固范围内的煤体位于松动圈内部，无有效的锚固基础，煤帮变形时随煤体一起被挤出，难以发挥锚杆的作用，另外，由于煤柱宽度小，所以锚索难以采用，因为锚索长度较大，其锚固端位于上工作面采空区边缘煤体，同样无法有效锚固。锚杆（索）支护与窄煤柱耦合性差，锚固性能不佳，这是窄煤柱沿空巷道大变形难以控制的主要原因之一。

（3）围岩应力环境复杂。窄煤柱沿空巷道与上工作面采空区距离小，处于侧向支承压力影响范围内，两帮支承压力非对称分布，煤柱侧支承压力小于原岩应力，实体煤侧支承压力大于原岩应力且有高应力集中现象，受本工作面采动影响时，超前支承压力与侧向支承压力叠加，实体煤侧应力集中程度进一步加强，增加了围岩稳定控制的难度。

（4）围岩变形失稳机理不同。窄煤柱沿空巷道往往会出现两种或两种以上的大变形失稳，因为围岩之间变形失稳往往联动的，比如底鼓会带动两帮煤体向巷道移动，从而引起两帮变形严重；煤柱大变形失稳会使顶板失去有效的支撑，从而导致顶板下沉难以控制。而且由前述理论分析可知，窄煤柱沿空巷道煤柱帮、实体煤帮及底板变形失稳机理各不相同，那么就导致各部位的控制原理也不尽相同，无疑增加了窄煤柱沿空巷道的控制难度，若根据沿空巷道变形表象，对原因判断不清，既增加经济成本，又影响安全生产。

5 特厚煤层沿空巷道错层位布控原理与试验研究

基于特厚煤层窄煤柱沿空巷道围岩变形机理与控制难点，在明确沿空巷道布置原则的基础上，提出通过改变工作面与沿空巷道布置方式，进而改善沿空巷道围岩力学环境、应力环境与支护条件，实现沿空巷道围岩稳定控制的对策。首先研究错层位工作面覆岩破断特征与应力分布规律，接着分别对错层位窄煤柱沿空巷道和负煤柱沿空巷道布控机理展开研究，为特厚煤层沿空巷道大变形与底鼓控制提供新的思路。

5.1 沿空巷道布置原则与错层位布控对策

5.1.1 沿空巷道布置原则

总结梳理前人研究成果，沿空巷道布置应尽量满足三点原则。

1. 巷道位于低应力区且围岩稳定原则

窄煤柱沿空巷道布置特点是根据采空区实体煤侧向支承压力分布特征，确定的煤柱宽度应小于应力降低区宽度，此时巷道围岩应力较低，可以避免由高应力引起的煤柱破坏，大多数研究也是根据应力降低区范围来初步确定巷道布置位置。窄煤柱沿空巷道稳定的关键是煤柱的稳定性。当然，窄煤柱宽度应有一个合理的值，并不是煤柱宽度越小越有利于巷道围岩稳定，特厚煤层沿空巷道的顶与两帮皆为松软的煤体，若煤柱宽度过小，巷道围岩破碎，煤柱本身承载能力很小整体稳定性差，易发生大变形失稳，因此，又同时需要煤柱宽度满足内部有稳定的区域，具备有效的锚固基础，以便发挥锚杆（索）的锚固性能。

2. 次生灾害控制原则

上工作面采空区内遗留残煤、瓦斯聚积是不可避免的，若煤柱宽度过小或裂隙异常发育，极易通过煤柱裂隙作为通道引发采空区遗煤自燃、瓦斯溢出等次生灾害。因此，确定窄煤柱宽度时必须考虑诱发次生灾害的风险，煤柱需要满足必要的完整性，以便隔绝上工作面采空区。

3. 提高资源回收率的原则

据统计，我国煤柱损失资源损失量高达 10%~30%，尤其是特厚煤层，煤柱损失量更大，当前大多数特厚煤层矿井仍然留设宽煤柱，造成了大量的资源浪费，所以窄煤柱沿空巷道在特厚煤层中非常具有应用价值。对于特厚煤层窄煤柱沿空巷道，在满足前两个原则的前提下，应尽可能减小煤柱宽度，提高资源回收率。

5.1.2 沿空巷道错层位布控对策

从应用案例和前文分析中可知，由于特厚煤层窄煤柱沿空巷道在围岩稳定控制方面存在围岩力学性质差、锚杆（索）支护与煤柱耦合性差、围岩应力环境复杂、围岩变形失稳机理不同等难点，若仅通过优化常规窄煤柱沿空巷道布置方式的煤柱宽度和支护参数较难满足以上三点原则。所以，提出沿空巷道错层位布控对策，通过改变工作面和沿空巷道布置方式，进而改善围岩力学环境、应力环境与支护条件，实现沿空巷道围岩稳定控制的对策。

错层位巷道布置技术是一种综合了放顶煤采煤法与分层开采优点的方法，适用于厚及特厚煤层开采，如图 5-1 所示。错层位工作面的特点是将本工作面的两条回采巷道分别沿煤层顶板与底板布置，相当于两条巷道布置于不同的层位，区别于常规工作面两条回采巷道均沿煤层底板的布置方式，所以称之为错层位布置。

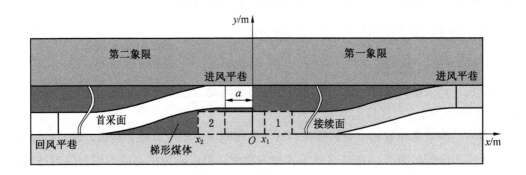

图 5-1 沿空巷道错层位布置

从图 5-1 中可以看到，错层位工作面下方存在一梯形煤体，那么沿空巷道的位置选择不仅可以如常规一样布置在错层位工作面右侧，而且因为梯形煤体高度大于巷道高度，所以还可以将沿空巷道布置在梯形煤体中。区段煤柱的实质指接续面巷道与上工作面采空区边缘之间的距离。为科学表达沿空巷道错层位的两种布置方式，以上工作面采空区边缘与煤层底板的交点为坐标原点，建立数学平面直角坐标系，以巷道左帮的横坐标值表示煤柱宽度，常规沿空巷道布置方式位于坐标系的第一象限，x_1 为正值，故为正煤柱沿空巷道，如图中巷道 1，为了与教科书中名词一致又保留错层位巷道布置的特点，将其称为错层位窄煤柱沿空巷道；当沿空巷道在梯形煤体中开挖时，巷道位于第二象限，x_2 为负值，如图中巷道 2，此时称之为错层位负煤柱沿空巷道，准确地表达了负煤柱沿空巷道位于上工作面采空区下方。在现场实践中，通常负煤柱沿空巷道向采空区偏移两倍的巷道宽度布置，即 $x_2 = -2a$。

针对窄煤柱沿空巷道围岩大变形控制难题，提出两种沿空巷道错层位布控对策，分别是错层位窄煤柱沿空巷道布置和错层位负煤柱沿空巷道布置。

1. 错层位窄煤柱沿空巷道布置

由前文理论分析可知,窄煤柱完整性差、承载能力低,无法限制关键块 B 的回转下沉,导致了沿空巷道煤柱帮的大变形,而实体煤帮则是高应力集中区,应力释放过程引起煤体扩容导致出现变形。因此,针对性地提出具有"侧限、强化、降压、适应变形"特点的错层位窄煤柱沿空巷道布置技术防控煤帮变形。"侧限"即利用梯形煤体与煤柱的位置关系,限制煤柱侧向变形;"强化"是一方面通过梯形煤体的侧限作用提高煤柱的完整性,另一方面是利用梯形煤体作为锚索稳定的锚固基础,提高锚杆(索)锚固性能,达到强化煤柱的效果;"降压"是通过错层位布置方式,减小实体煤侧的支承压力峰值,降低应力集中程度;"适应变形"是通过窄煤柱上部变形适应基本顶运动,从而减小沿空巷道煤柱帮的变形量。错层位窄煤柱沿空巷道布置方式主要适用于控制两帮变形量较大的情况。

2. 错层位负煤柱沿空巷道布置

错层位负煤柱沿空巷道布置技术由于巷道上方为采空区,巷道围岩卸压效果好、顶板稳定易维护而被应用于支护难度大、冲击地压频发矿井,比如华丰煤矿、跃进煤矿,但是该技术在防控沿空巷道底鼓方面的作用鲜有研究。前文沿空巷道非对称底鼓机理研究表明,两帮垂直应力是导致底鼓的重要力源,并且也是底鼓呈现非对称特征的根本原因。因此,提出具有"卸压"特点的负煤柱巷道布置技术防控沿空巷道底鼓。"卸压"是通过将沿空巷道布置于采空区下方的梯形煤体中,一方面是达到实体煤侧支承压力峰值向深部转移的效果,从而降低实体煤帮应力集中程度,另一方面是减小临采空区煤帮的载荷,从而实现沿空巷道两帮支承压力均卸压的目的。负煤柱沿空巷道布置适用于沿空巷道围岩变形严重的情况。

为明晰沿空巷道错层位布置围岩稳定控制原理,首先需要对错层位工作面覆岩结构特征、实体煤侧应力分布特征进行研究,然后在此基础上分别深入研究错层位窄煤柱沿空巷道与错层位负煤柱沿空巷道布置对围岩的控制原理。

5.2　错层位工作面实体煤侧降压原理

5.2.1　相似模拟试验设计

依据相似模拟试验原理,建立试验模型,分析错层位工作面与常规综放工作面之间覆岩结构破断运动特征的区别。

试验在中国矿业大学(北京)矿山压力实验室的二维试验台上进行,试验台尺寸为 1800 mm×160 mm×1600 mm(长×宽×高),整体采用平面应力模型。试验模拟的煤岩层高度为 130 m,模型几何相似比为 $\alpha_L = 100$,时间相似比为 $\alpha_t = 10$,容重相似比为 $\alpha_\gamma = 1.5$。模型铺设高度为 1300 mm,其中煤层上覆岩层厚度为 1200 mm,煤层实际埋深为 500 m,上方约 350 m 覆岩未铺设,通过试验台外部加压实现。上覆岩层平均容重为 25 kN/m³,结合试验台尺寸,模型顶部加压约为 18.3 kPa,计算依据为:

$$P = \frac{\gamma h}{\alpha_\gamma \alpha_L} = \frac{25 \times 350}{100 \times 1.5} = 58.3 \text{ kPa} \qquad (5-1)$$

式中 P——模型顶部施加的载荷，kPa；

  γ——上覆岩层平均体积力，N/m³；

  h——上覆未铺设岩层厚度，m。

1. 模型煤岩层物理力学参数

由 $\alpha_L = 100$，$\alpha_\gamma = 1.5$ 可以计算得到 $\alpha_\sigma = \alpha_L \alpha_\gamma = 150$。根据相似理论，模型材料的物理力学特性要满足相应的相似准则。按照相似模拟准则，可得到真实煤岩层与模型中材料之间的强度参数转换关系，从而得到模型中煤岩层物理参数，即

$$[\sigma_c]_M = \frac{L_M \gamma_M}{L_H \gamma_H} [\sigma_c]_H = \frac{[\sigma_c]}{\alpha_L \alpha_\gamma} = \frac{[\sigma_c]}{\alpha_\sigma} \qquad (5-2)$$

式中 $[\sigma_c]$——单轴抗压强度，MPa；

  L_H——原型长度，m；

  L_M——模型长度，m；

  γ_M——模型密度，kg/m³；

  γ_H——原型密度，kg/m³；

  $[\sigma_c]_M$——模型应力，MPa；

  $[\sigma_c]_H$——原型应力，MPa。

根据矿井地质信息，获取各煤岩层单轴抗压强度后，代入式（5-2）可计算得到模型中各煤岩层的抗压强度，计算过程不再赘述。煤岩层与模拟岩层物理力学参数见表5-1。

表5-1 煤岩层与模拟岩层物理力学参数

层序	岩层	厚度/m	模拟厚度/mm	抗压强度/MPa	模拟强度/MPa	密度/(kg·m⁻³)	模拟容重/(kg·m⁻³)
1	泥岩		778	32.7	0.22	2500	1670
2	石灰岩	8.20	82	53.1	0.35	2550	1700
3	泥岩	3.10	30	32.7	0.22	2500	1670
4	细粒砂岩	3.00	30	53.1	0.35	2550	1700
5	砂质泥岩	6.41	65	52.7	0.35	2550	1700
6	粉砂岩	3.66	40	41.2	0.27	2550	1700
7	砂质泥岩	1.43	15	52.7	0.35	2550	1700
8	中砂岩	3.53	35	5.6	0.04	1400	930
9	粉砂岩	2.31	25	41.2	0.27	2550	1700
10	石灰岩	1.79	20	53.1	0.35	2500	1670

表5-1(续)

层序	岩层	厚度/m	模拟厚度/mm	抗压强度/MPa	模拟强度/MPa	密度/(kg·m⁻³)	模拟容重/(kg·m⁻³)
11	8煤	6	60	5.6	0.04	1400	930
12	泥岩	11.83	120	44.2	0.29	2500	1670

2. 模型相似材料配比

相似模拟材料主要包含骨料和胶结料两种,其中骨料主要有河砂、岩(煤)粉、石英砂等,胶结料主要有水泥、石膏、石灰、高岭土等。结合煤岩层成分及试验条件,本次试验骨料采用河砂,胶结料采用石膏和石灰。不同的材料配比组合成的相似材料,其力学性质也不同。

根据表5-1的力学参数并结合实验室的配比经验,通过配比试验后最终确定了满足试验要求的配比,根据岩层容重,确定各岩层沙子、碳酸钙、石膏的用量,其中水的用量约为石膏用量的一半。各岩层相似材料配比参数见表5-2。

表5-2　相似材料配比参数

层序	岩层	质量/kg	配比号	河砂/kg	石灰/kg	石膏/kg	水/kg
1	泥岩	374.19	8:5:5	332.61	20.79	20.79	10.39
2	石灰岩	40.15	6:5:5	34.41	2.87	2.87	1.43
3	泥岩	14.43	8:6:4	12.83	0.96	0.64	0.32
4	细粒砂岩	14.69	7:5:5	12.85	0.92	0.92	0.46
5	砂质泥岩	31.82	8:6:4	28.29	2.12	1.41	0.71
6	粉砂岩	19.58	6:5:5	16.79	1.40	1.40	0.70
7	砂质泥岩	7.34	8:6:4	6.53	0.41	0.41	0.20
8	中砂岩	9.37	6:5:5	8.04	0.67	0.67	0.33
9	粉砂岩	12.24	6:5:5	10.49	0.87	0.87	0.44
10	石灰岩	9.62	6:5:5	8.25	0.69	0.69	0.34
11	8煤	16.07	8:7:3	14.28	1.25	0.54	0.27
12	泥岩	57.72	8:6:4	51.30	3.85	2.57	1.28

3. 铺设模型与测点布置

按照确定的材料配比,称取相应的材料,先将干料放入容器中搅拌均匀,然后加入含有缓凝剂的水,迅速搅拌防止凝块,再将搅拌均匀的材料倒入预先安装好的槽内,然后夯实。模型在铺设过程中需分多次均匀铺设,煤层铺设高度不超过30 mm,分层之间撒入一层云母粉用于模拟层理。模型铺设完成后风干 7 天。

为了更直观地描述上覆岩层的破断运动特征，在模型正面标注相对坐标点，第 1 行坐标点布置在煤层中，边界坐标点距离边界 100 mm，共布置 10 行 17 列，各坐标点之间的纵横间距为 100 mm。为了监测工作面采动顶底板应力特征，在直接顶中布置 12 个应变片，应变片间距为 100 mm，因工作面开采后顶板垮落可能无法获取有效的数据，因此重点在底板中布置 27 个应变片，应变片间距为 50 mm。试验数据通过静态应变测试系统采集，转换为应力值进行分析，如图 5-2 所示。

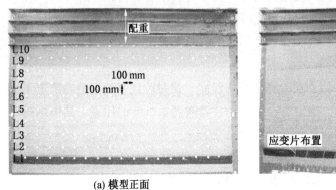

(a) 模型正面　　　　　　　　　　　　(b) 模型背面

图 5-2　相似模拟试验模型

5.2.2　上覆岩层破断特征

错层位工作面主要包括常规综放工作面段和起坡段两部分，仅起坡段与传统综放工作面存在差异，所以可以在模型中布置一个错层位工作面，既满足同时模拟两种工作面开采的要求，又可以避免因制作两个模型引起的误差。如图 5-3 所示，工作面全长为 100 m，其中常规综放工作面段为 90 m，错层位起坡段为 10 m，工作面一侧巷道沿煤层底板布置，另一侧巷道沿煤层顶板布置。

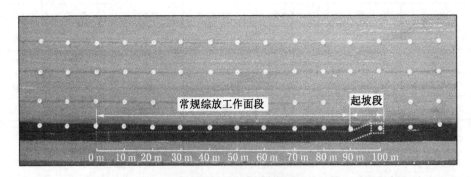

图 5-3　工作面布置示意

工作面倾斜方向开采长度较大，难以一次性直接挖出工作面内的煤体，需要分多次进行逐步开挖。每次开挖 10 m，不同工作面长度时的覆岩破断运动特征如图 5-4 所示。

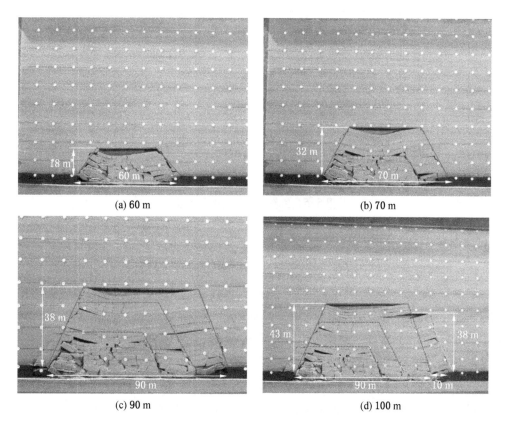

(a) 60 m   (b) 70 m

(c) 90 m   (d) 100 m

图 5-4 上覆岩层相似模拟破断运动状态

从图 5-4a 可以看出，随着工作面开采，直接顶垮落，基本顶断裂后下沉运动。当工作面倾向长度为 60 m 时，上覆岩层破断高度为 18 m；当工作面长度为 70 m 时，上覆岩层破断高度发展至 32 m；随着工作面倾向长度进一步增大至 90 m，上覆岩层破断高度为 38 m。显然，在工作面开采未达到充分采动时，若继续增加工作面开采长度，覆岩破断高度会进一步向上发展。在常规综放工作面阶段，因煤层开采高度均为 6 m，所以覆岩破断特征基本沿工作面中线呈梯形对称分布。

图 5-4d 中，从 90 m 位置处，采高逐渐降低至 3m，为综放段采高的一半，随着起坡段煤层的采出，工作面上覆岩层破断高度继续向上发展，其中综放段覆岩破断高度发展至 43 m，而起坡段覆岩破断高度为 38 m。分析其原因，认为主要是由于起坡段采高降低，直接顶垮落后充填较为充分，基本顶破断后下沉的运动空间较常规综放段基本顶运动空间有所减小导致的。

根据预先布置的相对坐标点，监测工作面开采后顶板下沉位移量，侧限 L1 处顶板已完全垮落，测线 L2~L5 的位移量监测数据如图 5-5 所示。

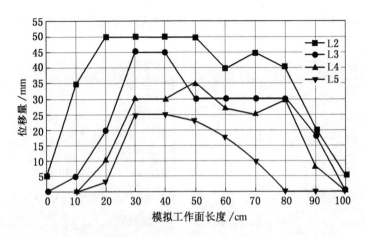

图 5-5　工作面采后顶板下沉量

从图中数据曲线可以直观地发现，由低位岩层向高位岩层顶板下沉量呈现逐渐减小的趋势，且岩层破断范围也逐渐减小，L2 测线显示低位顶板下沉量最大达 50 mm，L5 测线显示高位顶板下沉量最大为 25 mm。工作面中部顶板下沉量较为均匀，与实体煤搭接处顶板回转下沉特征明显；模型左侧（常规工作面侧）顶板下沉量曲线斜率大于右侧（错层位工作面侧），进一步佐证了错层位起坡段采高降低导致关键块回转下沉量减小。

图 5-6 为模拟工作面两侧端头基本顶的破断特征。从图中可以发现，基本顶均深入实体煤侧发生断裂，但是需要指出的是，相似模拟主要是从宏观上分析覆岩破断运动特征，受到模拟精度的限制，仅能反映基本顶的大概断裂区域，而具体的断裂位置则无法判断。

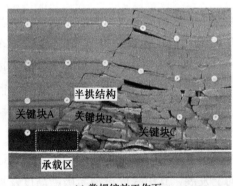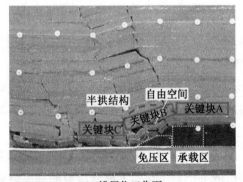

(a) 常规综放工作面　　　　　　　(b) 错层位工作面

图 5-6　工作面端头基本顶破断特征

分析相似模拟结果，工作面两侧端头围岩结构特征既存在相同点，也存在差异性。相同点是两侧基本顶均以关键块的形式断裂运动，关键块 B 两端分别与关键块 A、C 形成铰接结构，待覆岩运动稳定后，关键块 B 形成一端搭接在实体煤（承载区），一端搭接在矸石堆的半拱结构，半拱结构属于稳态结构，可以稳定地承载上覆载荷，并且关键块 B 下方存在一定的自由空间，可以切断上覆载荷向下的传递。差异性主要体现在错层位工作面的梯形煤体，借鉴分层开采的生产经验和研究成果，位于采空区下方的下分层煤体主要受工作面超前支承压力和液压支架反复支撑两方面的影响，上方覆岩运动对其影响较小，所以煤体的完整性较好，而错层位工作面中由于关键块 B 下方自由空间的存在，梯形煤体仅承担垮落直接顶的重量，免受覆岩运动的影响，所以可以推断，梯形煤体具有更好的完整性。

进一步分析，煤层采出后，实体煤侧的变形程度与关键块 B 的回转角度和侧限力密切相关，减小回转角度和增大侧向力均有利于煤体稳定。相似模拟结果中，关键块 B 的回转角度基本一致，但工作面两侧的侧限力却有很大差别。常规工作面煤帮附近为自由空间或垮落的少量顶煤，此时仅靠残留的锚杆（索）或少量松散煤块提供非常有限的侧限力，所以关键块 B 回转运动过程中，煤体基本发生大变形失稳；而错层位工作面因具有完整性较好的梯形煤体，可以为右侧实体煤提供一定的侧向力，这是残留在煤体中的锚杆（索）或松散煤块无法相比的，所以可以推断，错层位实体煤侧的煤体完整性要优于常规工作面实体煤，并且其承载区的承载能力也更高。

图 5-7 为两侧接续工作面采后 6 m 煤柱的承载破坏特征，可以通过采空区煤柱的破坏情况间接反映煤柱的稳定性。从图中可以看出，当上覆岩层载荷传递至煤柱时，常规留设的 6 m 煤柱表面破碎较为严重，两侧片帮现象明显，有块体从煤柱上脱落，已基本处于被压裂、压酥状态，判断认为煤柱已完全发生塑性破坏，其承载能力明显下降；而错层位 6 m 煤柱承载上覆岩层载荷时，煤柱仍能保持较好的完整性，受上覆岩层断裂下沉的影响，上工作面采空侧煤柱表面有较为明显的裂隙和块体的脱落，煤柱其他部位无明显的破坏特征，由此可以说明，当留设相同煤柱宽度时，错层位煤柱的稳定性和承载能力要优于常规煤柱。

(a) 常规煤柱　　　　　　　　　　　　(b) 错层位煤柱

图 5-7　煤柱破坏特征

分析上述特征原因，认为煤柱上方岩层重量差别不大，改善煤柱承载能力的主要原因是煤柱本身结构的变化，由于梯形煤体的存在，将常规矩形煤柱变为了上部矩形下部梯形的形态，增大了煤柱下部的承载宽度，如图5-8所示。

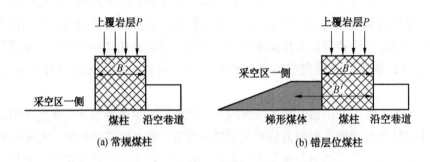

图 5-8　煤柱承载示意

假设上覆岩层施加至煤柱的载荷为 P，常规煤柱单位面积的平均应力为 $\sigma = P/B$，而错层位煤柱下部的单位面积平均应力可简化为 $\sigma' = P/B'$，由于 B' 明显大于 B，所以错层位煤柱下部的平均应力降低，也就是说煤柱可承载的载荷增加了，从而煤柱载荷适应性得到提升。

5.2.3　应力分布规律

根据上述相似模拟结果，工作面上覆岩层呈现梯形的破断形态，那么以岩层断裂线为界采空区范围内悬露未破断岩层形成的这个区域称之为楔形承载区，该区域岩层既承担上覆岩层的重量又向下传递压力，因此该区域的范围对实体煤应力分布有重要影响。错层位工作面因起坡前后覆岩破断形态的差异，楔形承载区范围明显不同，如图5-9所示。当工作面常规布置时，楔形承载区范围偏大，而由于起坡段采高逐渐减小导致覆岩破断高度降低后，楔形承载区范围也随之减小。进一步推断认为，工作面侧向支承压力主要来源于楔形承载区向下传递的压力，若该区域范围减小，那么侧向支承压力也应降低。

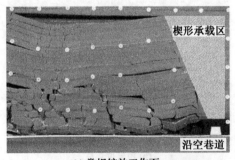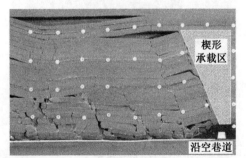

(a) 常规综放工作面　　　　(b) 错层位工作面

图 5-9　沿空巷道上覆岩层特征

78

　　为验证上述推断，对应力进行分析，工作面底板采动应力监测结果如图 5-10 所示。
从图中可以发现，常规工作面开采段，采空区底板垂直应力基本呈对称分布，两侧应力峰
值相差不大，为 80 kPa 左右；错层位开采起坡段，实体煤侧应力峰值约为 70 kPa，可见
错层位开采实体煤侧底板应力小于常规工作面开采时，那么煤体支承压力也应满足此规
律，即错层位工作面实体煤侧支承压力峰值小于常规工作面实体煤侧支承压力峰值。由此
证明了，错层位工作面采高降低，上覆岩层破断高度减小，从而附加至实体煤侧的增量载
荷减小，具有降压的作用。需要说明的是，两者应力峰值与煤壁距离均为 50 mm，因应变
片布置间距也为 50 mm，所以监测数据仅能说明应力峰值下降，并不能表现两种布置方式
极限平衡区范围之间的区别，对于极限平衡区的区别，在下节进行分析讨论。另外，起坡
段底板应力在 0.2~3 kPa 之间，进一步佐证了起坡段梯形煤体处于关键块 B 的保护之下，
处于免压区。

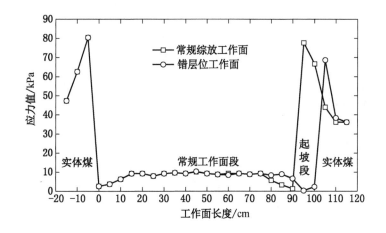

图 5-10　工作面底板采动应力监测结果

5.2.4　实体煤侧极限平衡区分析

　　实体煤侧向支承压力的分布特征主要包含支承压力峰值大小与极限平衡区宽度两个关
键参数，相似材料模拟试验证明了错层位工作面布置具有降压作用，本节针对极限平衡区
宽度展开研究。常规工作面一侧采空后，实体煤侧支承压力峰值与采空区边缘的距离为极
限平衡区宽度，即

$$x_0 = \frac{m}{2\xi f} \ln \frac{K\gamma H + C\cot\varphi}{\xi(p_1 + C\cot\varphi)} \qquad (5-3)$$

式中，K 为应力集中系数；m 为煤层开采厚度；H 为煤层埋深；γ 为覆岩容重；p_1 为煤帮
侧护力；C 为煤体黏聚力；φ 为煤体内摩擦角；f 为煤层与顶、底板的摩擦因数；ξ 为三轴
应力系数，$\xi = (1 + \sin\varphi)/(1 - \sin\varphi)$。

　　由式（5-3）可以发现，极限平衡区宽度与煤层开采厚度呈正相关性，与煤帮侧护力

呈反比。常规工作面采高固定，采后煤帮支护体已失效；而错层位工作面起坡段范围内采高逐渐降低，且采后梯形煤体完整性较好，仍可发挥类似支护体的作用，为实体煤帮提供一定的侧护力。因此，可以预见错层位工作面起坡段侧极限平衡区宽度会有一定的变化。令煤层厚度为 m，起坡高度为 $m/2$，起坡段抬升角度为 θ，梯形煤体上边长度为 a，底边长度为 $l+a$，直接顶及其载荷层厚度为 $\sum h$，平均容重为 γ_1，岩层破断角为 α，煤体容重为 γ_2，建立错层位工作面实体煤侧极限平衡力学模型，如图 5-11 所示。

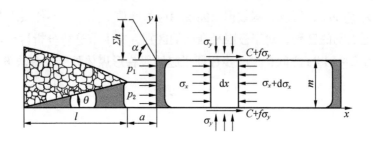

图 5-11 错层位工作面极限平衡力学模型

根据极限平衡理论，建立错层位工作面实体煤侧应力平衡方程：

$$2(C+f\sigma_y)\mathrm{d}x+m\sigma_x-m(\sigma_x+\mathrm{d}\sigma_x)=0 \tag{5-4}$$

由极限平衡条件：

$$\sigma_y=\frac{1+\sin\varphi}{1-\sin\varphi}\sigma_x+\frac{2C\cos\varphi}{1-\sin\varphi} \tag{5-5}$$

对式（5-5）两边求微分可得

$$\frac{\mathrm{d}\sigma_y}{\mathrm{d}x}=\frac{1+\sin\varphi}{1-\sin\varphi}\frac{\mathrm{d}\sigma_x}{\mathrm{d}x}=\xi\frac{\mathrm{d}\sigma_x}{\mathrm{d}x} \tag{5-6}$$

联立式（5-4）、式（5-6）得

$$2C+2f\sigma_y-m\frac{1}{\xi}\frac{\mathrm{d}\sigma_y}{\mathrm{d}x}=0 \tag{5-7}$$

解此微分方程，得

$$\sigma_y=C_0\mathrm{e}^{\frac{2f\xi}{m}x}-\frac{C}{f} \tag{5-8}$$

已知采空区边缘截面 $x=0$ 处，侧护力为 $\sigma_x=p_1+p_2$，p_1 为支护体对煤帮的侧护力，p_2 为梯形煤柱对实体煤的侧护力，将 σ_x 代入式（5-5）并进行三角恒等变换，可得

$$\sigma_y=\xi(p_1+p_2+C\cot\varphi)-C\cot\varphi \tag{5-9}$$

由式（5-8）、式（5-9）得

$$C_0=\xi(p_1+p_2+C\cot\varphi)-C\cot\varphi+\frac{C}{f} \tag{5-10}$$

由于工作面采空后，巷帮支护体对实体煤侧支护作用已失效，故 $p_1=0$。由图 5-6b 分析可知，梯形煤体处于砌体梁结构掩护区，仅承担垮落矸石的重量，那么单位体积矸石及梯形煤体重量近似为

$$G = \sum h\left(l + a - \cot\alpha \sum h\right)\gamma_1 + \frac{l+2a}{4}m\gamma_2 \tag{5-11}$$

梯形煤体为实体煤帮提供一定的侧护力，主要为煤体与底板间的摩擦力，由牛顿力学可得侧护力 p_2 为

$$p_2 = \frac{2f}{m}\left[\sum h(l + a - \cot\alpha \sum h)\gamma_1 + \frac{l+2a}{4}m\gamma_2\right] \tag{5-12}$$

因 $f \approx \tan\varphi$，结合式（5-8）、式（5-10）、式（5-12）可得：

$$\sigma_y = \xi\left\{\frac{2f}{m}\left[\sum h(l + 2a - \cot\alpha \sum h)\gamma_1 + \frac{l+2a}{4}m\gamma_2\right] + C\cot\varphi\right\}e^{\frac{2f}{m}x} - C\cot\varphi \tag{5-13}$$

假设支承压力峰值为 $\sigma_{ymax}=K_c\gamma H$，代入式(5-13)，可得错层位实体煤侧极限平衡区宽度：

$$x_c = \frac{m}{2\xi f}\ln\frac{K_c\gamma H + C\cot\varphi}{\xi\left\{\frac{2f}{m}\left[\sum h(l + 2a - \cot\alpha \sum h)\gamma_1 + \frac{l+2a}{4}m\gamma_2\right] + C\cot\varphi\right\}} \tag{5-14}$$

以某矿工作面具体参数对常规工作面与错层位工作面极限平衡区宽度进行对比分析。取 $H=500$ m，$m=6$ m，$\varphi=20°$，$C=1.0$ MPa，$\gamma=27$ kN/m³，直接顶及其载荷层厚度 $\sum h=5$ m，平均容重 $\gamma_1=25$ kN/m³，α 取 75°，煤体容重 $\gamma_2=14$ kN/m³，梯形煤体 $l=11.2$ m，$a=4$ m，常规工作面开采 K 取 4，相似模拟证明错层位工作面应力峰值有所减小，故 K_c 取 3.8，分别代入式（5-3）与式（5-14），得到常规工作面极限平衡区宽度 $x_0=9.24$ m，$K=1$ 时得到破裂区宽度为 4.3 m；错层位工作面极限平衡区宽度 $x_c=8.65$ m，较常规工作面减小 0.59 m，$K=1$ 时得到破裂区宽度为 3.8 m，减小 0.5 m。上述计算结果表明，与常规工作面相比，错层位工作面起坡段侧极限平衡区、破裂区宽度均略有减小。

综合相似模拟实验与力学分析，得到错层位工作面采后弹塑性分区及支承压力分布，如图 5-12 所示。

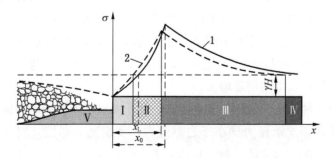

图 5-12 错层位工作面采后弹塑性分区及支承压力分布

梯形煤体位于上工作面采空区下方，处于砌体梁结构掩护区，不受上覆载荷作用，故在常规工作面弹塑性分区的基础上，错层位工作面增加免压区（Ⅴ区），其支承压力原小于原岩应力。较常规工作面支承压力（图中曲线1），错层位工作面实体煤侧支承压力峰值降低，极限平衡区宽度略有减小，因此，错层位工作面实体煤侧支承压力分布如图中曲线2所示。由实体煤侧向支承压力演化规律可知，当实体煤侧应力集中程度高，应力峰值超过煤体的强度极限时，煤体发生塑性破坏，应力峰值向煤体深部转移，由此说明常规工作面实体煤侧应力集中程度偏大，而与之相比，错层位工作面实体煤侧应力集中程度降低。

5.3 负煤柱沿空巷道布置卸压原理

结合前述分析，错层位工作面采后，实体煤侧支承压力分布如图5-13中曲线1所示。负煤柱沿空巷道在梯形煤体中开挖后，原巷道煤体应力转移至两帮，由相似模拟实验可知，梯形煤体内应力远小于原岩应力，因此转移至两帮的应力较小，尤其是对实体煤侧应力分布影响更低，应力峰值与极限平衡区宽度应无明显增大。那么负煤柱沿空巷道实体煤侧支承压力分布应如图中曲线2所示。

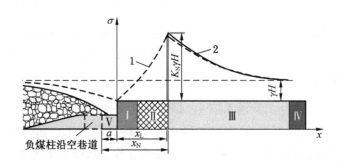

图5-13 负煤柱沿空巷道支承压力分布

由图5-13可以发现，负煤柱沿空巷道与支承压力峰值距离明显增大，此时负煤柱沿空巷道实体煤侧极限平衡区宽度 x_n 略大于 x_c+a。以前述计算数据对比说明，采用窄煤柱沿空掘巷时，沿空巷道与支承压力峰值距离必然小于9.24 m，破裂区宽度小于4.3 m；采用负煤柱沿空巷道布置时，巷道右帮距离采空区边缘4.0 m，因此沿空巷道与支承压力峰值距离略大于12.65 m，破裂区宽度约为7.8 m。较窄煤柱沿空掘巷，负煤柱沿空巷道极限平衡区宽度、破裂区宽度均明显增大。

综上可知，负煤柱沿空巷道不仅实现了在远低于原岩应力的低应力区（免压区Ⅴ）布置，采空区下巷道两帮支承压力均小于自重应力，实现充分卸压，应力集中程度明显降低，而且远离实体煤侧应力峰值，避开高应力集中的影响，实现了应力峰值区向煤体深部转移的效果。

由沿空巷道底鼓控制对策可知，对两帮应力进行卸压有利于控制巷道底鼓。结合相似模拟实验结果，对负煤柱沿空巷道卸压原理进一步分析，如图 5-14 所示。

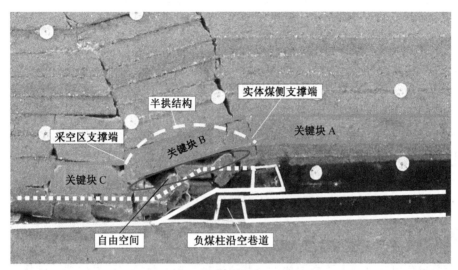

(a) 相似模拟

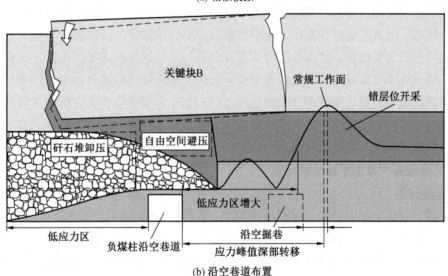

(b) 沿空巷道布置

图 5-14 负煤柱沿空巷道卸压原理

前文对图 5-14a 相似模拟结果进行了分析，得到关键块 B 两端分别与关键块 A、C 形成铰接的半拱结构，同时关键块 B 下方存在一定的自由空间，梯形煤体仅承担部分垮落矸石的重量，却不受上覆岩层静载及地应力作用，即此范围内的梯形煤体处于低应力区。负煤柱沿空巷道正是布置于此梯形煤体中，半拱保护结构为沿空巷道营造了低应力区环境。当窄煤柱沿空巷道所在工作面回采时，关键块 B 受采动影响会发生二次运动，将上覆载荷通过煤柱传递至底板,从而为巷道底鼓提供力源。图 5-14b 中,负煤柱沿空巷道围岩结构可以对关键块 B 二次运动产生的载荷进行有效的卸载:首先,巷道左侧采空区矸石堆具有较大的压实变形能力,可对关键块 B 二次运动产生的动载进行卸压,减小传递至底板的应力;其次,沿空巷道上方自由空间避免了巷道右帮煤体与关键块 B 直接接触,受回转运动影响的煤体远离巷道,降低了对右帮的影响作用。

从图 5-14b 中可以看到,窄煤柱沿空巷道布置于应力降低区,虽然煤柱侧垂直应力集中程度较低,但实体煤侧垂直应力峰值却明显偏高,并且应力峰值与巷帮距离较小,所以实体煤帮应力集中程度偏高。而采用负煤柱沿空巷道布置,巷道左帮为采空区,处于卸压状态,应力集中程度较低;巷道右帮低应力区宽度增大,以及应力峰值较低,巷道距应力峰值的距离增大,所以实体煤侧的应力集中程度也明显降低,达到了降低两帮垂直应力的目的。并且相比于帮部切缝、钻孔和松动爆破等卸压技术,负煤柱沿空巷道布置工程量较低,可以实现整条巷道的两帮降压,并且无时效性问题,可以服务于工作面整个回采过程。

5.4 裂隙煤体力学特征试验

由前节分析可知,受上工作面和沿空巷道采掘影响,窄煤柱已发生塑性破坏,内部已具有明显的宏观裂隙,本节对裂隙煤体力学性质进行试验研究。考虑到在原煤试件中预制裂隙较为困难,而人工试件在制作过程中预置裂隙要简单方便,所以决定制备含预置裂隙的人工试件进行力学试验。试验前提需要首先制备与原煤试件强度类似的人工试件。人工试件与原煤试件不可能做到各方面的力学性质相同,因此常根据试件的用途不同,只要起决定作用的参数满足就认为模型和原型是相似的。鉴于本试验主要研究单轴压缩时试件的破坏形态与变形的一般规律,因此试件的抗压强度是最具决定性的力学指标,只要做到抗压强度与原煤相似即可满足试验要求。

5.4.1 试件制备与单轴压缩试验

1. 试件制备

煤样取自平庄能源老公营子煤矿 6-1 煤层,为了降低煤样离散性对本次试验的影响,所有的煤样均取自同一地点,煤层样按照采样标准执行,所采的块状煤规格均大于 300 mm×300 mm×300 mm,保鲜膜井下密封后装入木箱运至实验室进行试件切割加工,如图 5-15 所示。

图 5-15　煤样封装与部分试件

制作类煤试件的材料选取水泥砂浆，首先，调研现有的配比方案，初步确定了较为合理的配比范围；然后，制作了6种配比方案的试件进行优选，每种配比制作试件3个。试件制备完成后放置在温度（20±1）℃、湿度90%的恒温恒湿养护箱培养7天。试件制备完成后，对各组试件开展单轴压缩试验。本次试验主要采用中国矿业大学（北京）的TAW-2000 kN微机控制电液伺服岩石力学实验系统，该系统包括试验台、加载控制系统和数据采集系统三部分，其中，加载控制系统包括位移控制和应力控制两种加载模式，数据采集系统可实时监测试件的轴向应力和轴向应变。部分试件及试验设备如图5-16所示。

图5-16 部分试件与试验设备

试验测得的煤样试件单轴抗压强度见表5-3，煤样试件的抗压强度范围为10.19~16.71 MPa。人工试件配比试验方案及试验结果见表5-4。

表5-3 煤样试件单轴抗压强度试验结果

岩性	试件编号	截面积/mm²	破坏荷载/kN	单轴抗压强度/MPa	
				测定值	平均值
煤	M-1-1	1793.76	27.892	15.55	14.15
	M-1-2	1781.77	29.738	16.69	
	M-1-3	1869.61	31.241	16.71	
	M-1-4	1790.00	18.240	10.19	

表5-3（续）

岩性	试件编号	截面积/mm²	破坏荷载/kN	单轴抗压强度/MPa	
				测定值	平均值
煤	M-1-5	1799.77	20.914	11.62	14.15
	M-1-6	1798.27	9.063	5.04	
	M-1-7	1780.27	13.476	7.57	

注：加阴影的试件表示不进行平均值计算。

表5-4　人工试件配比试验方案及试验结果

序号	水泥/%	砂子/%	水/%	密度/（g·cm⁻³）	单轴抗压强度/MPa
1	20	65	15	2.341	18.71
2	20	60	20	2.303	16.34
3	18	64	18	2.262	13.62
4	17	68	15	2.285	10.77
5	15	65	20	2.157	9.13
6	15	70	15	2.261	8.17

由试验结果可以发现，试件抗压强度在取值范围内的配比方案有3种，其中配比方案3抗压强度与原煤试件更为接近，所以选取方案3作为试验配比方案。

2. 单轴压缩试验

原煤试件与方案3人工试件实验所得的应力—应变曲线如图5-17所示。从图中可以看到，人工试件抗压强度和曲线形状同煤样试件基本一致，但也有所区别。初期加载原生裂隙闭合阶段（OA段）为试件内部原生孔隙、裂隙在压力作用下的闭合阶段，试件体积减小，应力水平缓慢上升，曲线基本呈凹形。煤样试件与人工试件相比，人工试件的压密闭合阶段更为明显，分析原因认为这是由于人工试件是在零压力作用下养护，其内部存在的孔隙和裂隙较多，而原始煤样在高压作用下形成，内部孔隙相对较少。

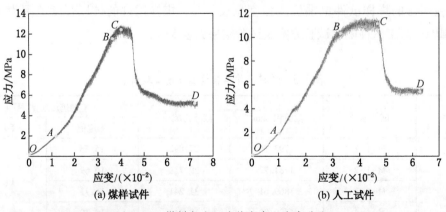

图5-17　煤样与人工试件应力—应变曲线

　　随着试件内部孔隙的闭合，试件变形进入线弹性阶段（*AB* 段），该阶段试件的轴向应力随应变呈线性增长，相应的 *B* 点为弹性极限。该阶段的特点是卸载后试件产生的变形能够完全恢复，该过程称之为试件的弹性变形，煤样试件与人工试件在此阶段的应力—应变曲线高度一致。

　　当轴向压力继续增大，试件进入塑性阶段（*BC* 段），应力—应变曲线偏离直线，呈现凸形，为非线性增长，直至 *C* 点破坏，*C* 点应力值为该试件的强度极限，煤样试件强度极限为 12.87 MPa，人工试件强度极限为 11.66 MPa，两者相差不大。塑性阶段内试件内部产生新的裂隙，试件轴向应变增量小于径向应变增量，体积由压缩转变为膨胀，产生不可恢复的塑性变形。该阶段的特点是试件的变形速度加快，对比两种试件在此阶段的应力—应变曲线，可以发现人工试件在较小的应力增量下塑性变形更为明显，分析原因认为是由于人工试件制备过程中自由凝固，导致致密性较差从而易产生塑性变形。

　　当轴向应力达到强度极限后，试件变形进入应变软化阶段（*CD* 段），试件体积继续增大，在塑性阶段试件内部的产生的微小裂隙迅速扩展和相互贯通，发展为肉眼可见的宏观裂隙，试件承载能力持续下降，直至完全破坏。从应力—应变曲线可以发现，该阶段曲线斜率逐渐降低，且后期趋于平缓，说明试件破坏后仍具有一定的承载能力，相应于 *D* 点的应力值称为试件的残余强度，对比两种试件可以发现，该阶段应力—应变曲线高度一致。

　　根据岩石力学理论可知，煤岩抗剪强度与法向应力间存在式（5-15）的线性关系，可以求得煤岩内聚力和内摩擦角。

$$\tau = C + \sigma \tan \varphi \tag{5-15}$$

式中　　τ——试件剪切强度 MPa；
　　　　σ——法向应力，MPa；
　　　　C——试件内聚力，MPa；
　　　　φ——试件内摩擦角，(°)。

　　原煤试件与人工试件的抗剪强度试验结果如图 5-18 所示。从图中可以看到，随着法向应力增大，两者抗剪强度均随之增大。根据试验数据进行线性拟合得到抗剪强度曲线，原煤试件试验数据与拟合结果相关性系数为 0.96，计算得到原煤试件的内聚力为 4.52 MPa，内摩擦角为 29°；人工试件试验数据与拟合结果相关性系数为 0.94，计算得到原煤试件的内聚力为 4.46 MPa，内摩擦角为 25°。

　　通过对试件的单轴压缩应力—应变曲线，可以发现人工试件所表现出的宏观应力—应变响应同样存在着与原煤试件相同的 4 个阶段，其变化趋势与原煤试件基本一致，并且两者的强度极限相差不大；通过对抗剪强度的拟合，计算得到两种试件的内聚力和内摩擦角同样相差较小，因此，认为本次实验制作的人工试件能够较为准确地反映真实煤体的宏观变形破坏特征。

5.4.2　裂隙煤体强度特征

沿空巷道开挖前后及服务期间，受上工作面开采、巷道掘进及本工作面开采3次采动影响，内部裂隙发育，导致其强度及承载能力会发生改变，为研究裂隙发育程度对煤柱力学特性的影响，本节对含裂隙试件进行单轴抗压试验。

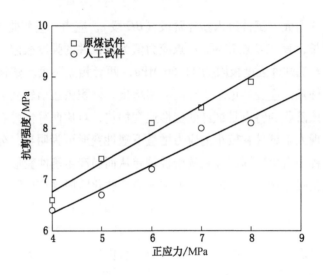

图 5-18　完整试件抗剪强度

1. 裂隙数量与抗压强度的关系

根据上述试验得到的材料配比，分别制备含2、4、6条裂隙的人工试件，裂隙方向沿试件轴向，裂隙长度与试件高度一致，为100 mm。预置裂隙试件与完整试件的应力—应变曲线响应特征如图5-19所示。

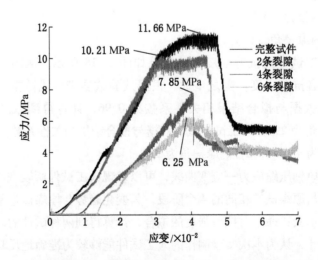

图 5-19　不同裂隙数量试件的应力—应变曲线

　　图 5-19 显示，试件预置裂隙后，试件在加载初期增加一明显的预置裂隙闭合阶段，该阶段试件应变较大，并且应变与裂隙数量基本呈现正相关性，预置裂隙闭合过程中应力几乎没有大的变化，约为 0.01 MPa；上阶段结束后，试件进入线弹性阶段，但弹性模量随着裂隙数量增大逐渐减小；预置裂隙试件的抗压强度与完整试件相比有所降低，且随着裂隙数量的增加，抗压强度降低幅度越大，预置 2、4、6 条裂隙时的抗压强度分别为 10.21 MPa、7.85 MPa、6.25 MPa，较完整试件分别下降 12.4%、32.7%、46.4%；裂隙数量对试件残余强度影响较小，并未随着裂隙数量的增加而出现残余强度显著降低的现象，与完整试件的残余强度相比，出现了小幅度的降低。

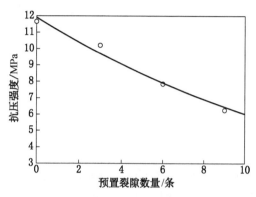

图 5-20　裂隙数量与抗压强度的关系

　　取试验所得的试件单轴抗压强度极限数据，进一步研究预置裂隙数量与抗压强度极限之间的关系。对试验数据进行非线性拟合，得到的结果如图 5-20 所示，裂隙数量与试件单轴抗压强度极限之间的关系可由式（5-16）表示。拟合结果与试验数据具有高度一致性，两者相关性系数高达 0.98。

$$\sigma_n = \sigma e^{-kn} \tag{5-16}$$

式中　　n——预置裂隙数量，个；

　　　　σ_n——n 条裂隙时的单轴抗压强度，MPa；

　　　　σ——完整试件单轴抗压强度，MPa；

　　　　k——拟合常数。

　　从图 5-20 中可以发现，试件抗压强度与预置裂隙数量呈负相关性，根据拟合曲线的发展趋势，当裂隙数量较少时，试件抗压强度降低趋势较大，随着裂隙数量的增加，试件抗压强度降低趋势逐渐减小。

　　2. 裂隙长度与抗压强度的关系

　　为研究裂隙长度对试件单轴抗压强度的影响，分别预置含相同数量不同长度裂隙的试件，裂隙数量为 4 条，裂隙长度分别为 25 mm、50 mm、75 mm、100 mm，试件应力—应变曲线响应特征如图 5-21 所示。

　　图中结果显示，随着裂隙长度的增大，初始裂隙闭合阶段更为明显，表现出轴向应变呈现逐渐增大的特征；弹性模量受裂隙长度的影响要比受裂隙数量的影响偏小；裂隙长度的增大也引起试件峰值强度也逐渐降低，当裂隙长度为 25 mm、50 mm、75 mm、100 mm 时，试件峰值强度分别下降 5.3%、17.5%、27.8%、32.7%；除了裂隙长度 50 mm 时残余强度离散性较大，其余试件的残余强度为 6 MPa 左右，由此可以说明，裂隙长度仅对峰值强度有显著影响，而对峰后残余强度影响较小。

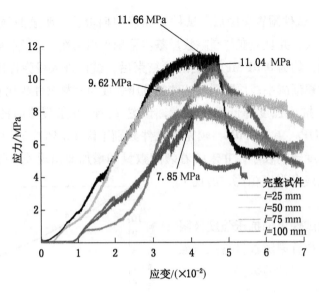

图 5-21　不同裂隙长度试件应力—应变曲线

进一步研究预置裂隙长度与抗压强度之间的关系，取不同裂隙长度试件的强度极限进行分析。对试验数据进行非线性拟合得到的结果如图 5-22 所示，裂隙数量与试件单轴抗压强度极限之间的关系可由式（5-17）表示。拟合数据曲线与试验数据高度吻合，两者相关性关系高达 0.97。

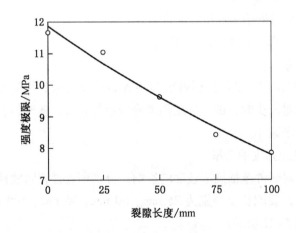

图 5-22　裂隙长度与抗压强度的关系

$$\sigma_l = \sigma e^{-vl} \tag{5-17}$$

式中　　l——预置裂隙长度；

　　　　σ_l——裂隙长度为 l 时的单轴抗压强度，MPa；

　　　　σ——完整试件单轴抗压强度，MPa；

v——拟合常数。

从图 5-22 的拟合曲线可以发现，试件抗压强度与预置裂隙长度同样呈负相关性，试件抗压强度随预置裂隙长度的增加持续降低，但强度衰减速度却随裂隙长度的增加而减小；另外，对比裂隙长度与裂隙数量对试件抗压强度的影响，从图中可以发现 v 小于 k，所以裂隙长度对试件强度的影响偏弱，裂隙数量对试件强度的影响要更强。

综合以上分析可知，裂隙数量与长度的增大均会降低试件的抗压强度，并且试件前期形变增大，因为试件内部密集的裂隙为受载时宏观裂隙的迅速扩展提供了条件，并且较小的应力即可引起试件明显的变形，由此可以说明若要保证试件的抗压强度，需要尽可能地保证试件的完整性。

5.5　梯形煤体对煤柱承载能力影响的侧限试验

错层位窄煤柱与常规窄煤柱形态结构的主要区别是错层位窄煤柱在采空区侧受到梯形煤体的侧限作用，所以本节设计含裂隙试件有无侧限时的压缩实验，对试件的力学特征及宏观破坏特征进行对比分析。

5.5.1　边界条件与试验思路

综放工作面窄煤柱沿空掘巷技术成功的关键是煤柱的稳定性，长期以来重点研究改变煤柱宽度及支护参数等对其稳定性进行控制，往往忽略了窄煤柱沿空侧的侧限状态对煤柱稳定性的影响。上工作面采空后，窄煤柱沿空侧的侧限状态主要与残留支护体、工作面端头及废弃巷道上方垮落的顶煤有关。如图 5-23 所示，在受力状态上，沿空巷道开挖前，位于窄煤柱留设位置的煤体处于一侧临空状态，工作面推过后，端头上方顶煤垮落角为 α，垮落的顶煤以松散状态堆积，加之废弃巷道上方部分顶煤垮落，最终形成自然安息角为

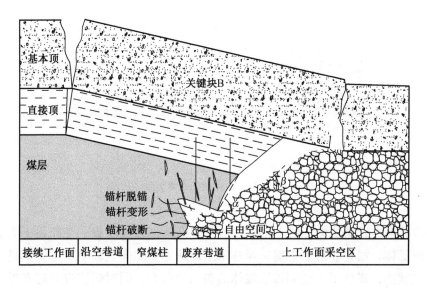

图 5-23　工作面采后示意图

β（一般为 35°左右）的斜坡，在未采取切顶等手段的前提下，垮落顶煤与实体煤及顶板并非密切接触，而是存在一定的自由空间，通常以三角空洞的形式存在，由此可见垮落顶煤难以对实体煤侧起到侧限作用。受基本顶关键块 B 给定变形和侧向支承压力的影响，实体煤内部产生大量宏观裂隙，随着时间的推移，实体煤逐渐向大变形状态过渡，在此过程中煤体内锚杆支护会表现出脱锚失效或弯曲变形失效，甚至破断失效等特征，此时锚杆对煤体的约束力急剧下降，这种状态下的残余支护体同样难以对煤体的变形起到侧限作用。

沿空巷道掘进后，窄煤柱受力状态发生改变，根据煤层厚度的不同可大致分为煤层厚度小于或等于巷道高度、煤层厚度大于巷道高度两种情况。对于 4 m 以下的煤层，沿空巷道高度一般与煤层厚度相等，巷道掘进后窄煤柱由一侧临空状态过渡为两侧全临空状态；一般对于 4 m 以上的特厚煤层，巷道高度小于煤层厚度，沿空巷道掘进后，可以认为巷道顶煤对窄煤柱依然提供一定的侧向约束力，此时窄煤柱处于一侧全临空、一侧半临空状态，如图 5-24a 所示。

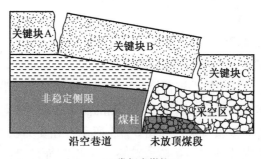

(a) 常规窄煤柱

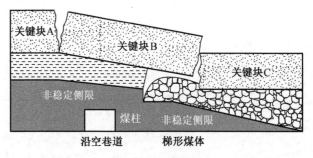

(b) 错层位窄煤柱

图 5-24　煤柱侧限力学模型

错层位巷道布置系统由于将上区段回风平巷沿煤层顶板布置，工作面下方有稳定性较好的梯形煤体，沿空巷道掘进前，煤柱采空区侧处于未完全临空状态，而是仅煤柱上方处于临空状态，煤柱下方受到梯形煤体的侧向约束力。同时错层位巷道布置与常规沿空巷道布置系统相同是，待沿空巷道沿煤层底板掘进后，巷道顶煤对煤柱提供一定的侧向约束力，此时错层位巷道布置系统中的窄煤柱两侧处于半临空状态，如图 5-24b 所示。

窄煤柱变形量主要体现为向巷道自由空间的水平位移和煤柱本身的竖向压缩，沿巷道轴向煤柱受前后煤体约束，位移忽略不计，应变为 0，试验中对试件前后面进行稳定侧限。大量的巷道顶板挤压变形特征说明，巷道上方顶煤对煤柱的侧限约束力较小，顶煤侧限为非稳定侧限，同理，试验过程中也认为错层位侧限模型中梯形煤体也为非稳定侧限。

本节将宏观复杂的三维问题进行简化，从实验室岩石力学试验尺度探究试件不同侧向约束状态下的力学特征及宏观破坏特征的一般规律。特厚煤层常规窄煤柱与错层位窄煤柱简化的试件侧限试验方案如图 5-25 所示。共设计 3 种试验方案，方案一：试件沿 x 方向为自由面，沿 y 方向稳定侧限，表示无顶煤的常规窄煤柱；方案二：试件沿 x 方向在左侧上部有非稳定侧限，右侧为自由面，沿 y 方向稳定侧限，表示有顶煤的常规窄煤柱；方案三：试件沿 x 方向左侧上部有非稳定侧限，右侧下部有非稳定侧限，沿 y 方向稳定侧限，表示有顶煤的错层位窄煤柱。

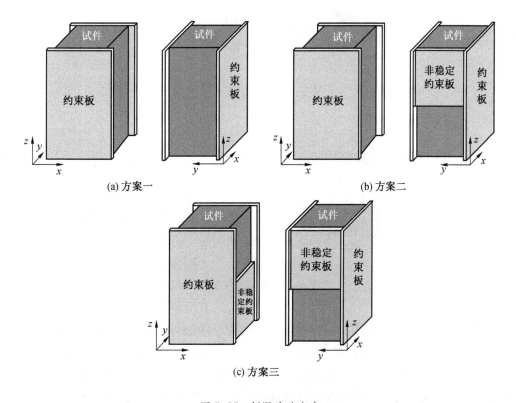

图 5-25　侧限试验方案

为满足试件侧限试验的特殊受力状态，专门设计了一种试验侧限装置，如图 5-26 所示。稳定侧限板采用钢板，试验过程中通过4根螺栓旋紧后限制两侧位移，非稳定侧限板选用亚克力板，不需要通过螺栓固定，其一侧与试件表面接触，另一侧与单个螺栓杆体接触，当试件受载变形时，非稳定侧限板以杆体为轴向外运动，既不完全限制试件的变形，又可以对试件施加一定的约束力。

含预置裂隙试件的制备过程与前面一致，试件裂隙条数选用4条，裂隙长度与试件等高，为100 mm，最终得到的试件如图5-27所示。

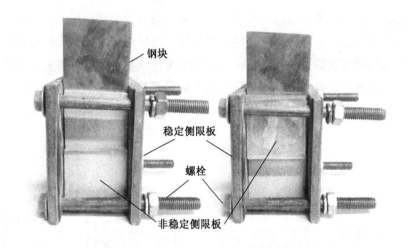

图5-26　试验侧限装置

图5-27　侧限试验试件

大量的岩石力学试验表明，岩石强度受试验机的加载速率影响较大，在单轴压缩试验中，岩石的峰值强度随着加载速率增大而提高。尹小涛等研究表明，当加载速率足够小时，加载速率对岩石强度的影响可忽略，此时的加载习惯称为静态加载。根据岩石试件的应变速率进行划分，小于 $10^{-4}/s$ 为低应变速率，此时需要静态加载；位于 $10^{-4}/s \sim 10^{2}/s$ 区间为中等应变速率，其中 $10^{-4}/s \sim 10^{-2}/s$ 属于准静态，$10^{-2}/s \sim 10^{2}/s$ 属于准动态；大于 $10^{2}/s$ 为高应变速率，此时需要动态加载。若要试件的应变速率小于 $10^{-4}/s$，以试件高度100 mm进行计算，得到试件的加载速率不得大于0.01 mm/s。

由前文研究可知，本工作面回采期间，窄煤柱变形主要是由基本顶关键块回转下沉导致的，关键块的回转下沉是一个长时间的动态过程，研究表明基本顶破断至触矸稳定的运动周期为 6 个月以上，为了更准确地还原窄煤柱的加载环境，试验过程中选择静态加载，加载速率为 0.003 mm/s。试验过程中为了减小端面效应，在试件与约束板接触表面涂抹凡士林。

5.5.2　应力—应变曲线响应特征

图 5-28 为记录的 3 种侧限试验方案试件的应力—应变曲线。结果显示，3 种方案试件的应力应变全过程与裂隙试件单轴抗压强度试验一致，均表现为 5 个阶段：预置裂隙闭合阶段、原生裂隙闭合阶段、线弹性阶段、塑性阶段及应变软化阶段。观察 3 种方案的应力—应变曲线可以发现，方案一试件在峰值后表现出明显的应力陡降现象，而方案二和方案三试件在峰值后曲线虽然同样表现为下降趋势，但下降趋势较为平缓。分析原因认为，试件仅单向稳定侧限时，两侧自由面仍会出现突然的横向应变，而加入非稳定侧限板后，对试件横向应变起到一定的约束作用，减缓了两侧自由面的横向变形，从而表现为较为稳定的应力降低。

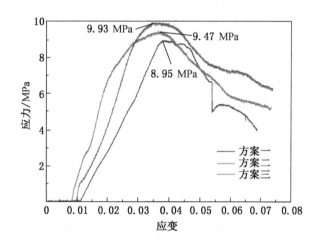

图 5-28　应力—应变曲线

从图 5-28 中可以看到，方案一试件的峰值强度为 8.95 MPa，方案二和方案三试件的强度峰值分别为 9.47 MPa 和 9.93 MPa，说明加入非稳定侧限板后，试件抗压强度增大。另外，也可以发现，加入非稳定侧限板后，试件残余强度也表现出相应的增大现象。

沿空巷道稳定性的关键因素是煤柱的稳定性，峰值强度与残余强度表现了煤柱破坏前后的承载能力，并且因窄煤柱在巷道掘进前通常已发生了塑性破坏，所以煤柱残余承载能力对沿空巷道的稳定性更为关键，因此需要对试件有无侧限时的峰值强度与残余强度进一步分析。首先根据试验数据得到残余强度平均值，然后根据式（5-18）计算试件破坏后的强度降低率 η，结果见表 5-5，不同侧限条件下试件峰值强度与残余强度之间的关系如

图 5-29 所示。

$$\eta = \frac{\sigma_c - \sigma_r}{\sigma_c} \tag{5-18}$$

式中　σ_c——试件的峰值强度，MPa；

　　　σ_r——试件的残余强度，MPa。

表 5-5　裂隙试件峰值强度与残余强度参数

试验方案	峰值强度/MPa	残余强度/MPa	强度降低率/%
单轴压缩	7.85	4.31	45.2
方案一	8.95	4.95	44.7
方案二	9.47	5.23	44.8
方案三	9.93	6.82	31.3

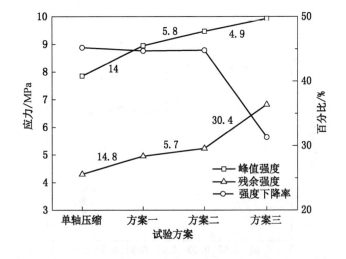

图 5-29　不同侧限条件下试件峰值强度与残余强度的关系

由表 5-5 和图 5-29 可知，试件在无侧限进行单轴压缩时，峰值强度和残余强度最低，增加试件单向的稳定侧限后，峰值强度和残余强度均有不同程度的提升，再增加非稳定侧限后，试件的峰值强度和残余强度继续增大，与单轴压缩试件相比，方案一、方案二与方案三试件的峰值强度分别提升 14%、20.6%、26.5%，残余强度分别提升 14.8%、21.3%、58.2%。由此说明，增加对试件自由面的侧限后，有利于提高试件的峰值强度与残余强度。

3 个试验方案中试件的峰值强度与残余强度均有所提高，那么首先对于单个试验方案中试件进行横向对比分析。可以发现，单轴压缩试件、方案一和方案二试件破坏前后的强度降低率基本相等，为 45% 左右，而方案三试件的强度降低率明显减小，仅为 31.3%。

从图中可以看到，试件的峰值强度、残余强度与侧限面数量之间呈正相关，但变化趋势有所不同，所以进一步对侧限试件的强度增长率进行分析。试件无侧限常规单轴压缩试验时，峰值强度为 7.85 MPa，方案一试件加入单向稳定侧限后，峰值强度出现明显的增大，峰值强度为 8.95 MPa，较前者增长率为 14%；方案二增加单个自由面非稳定侧限后，峰值强度为 9.47 MPa，较方案一试件峰值强度增长率为 5.8%；方案三增加为两个自由面非稳定侧限后，峰值强度为 9.93 MPa，较方案二试件峰值强度增长率为 4.9%。从数据变化中可以发现，试件峰值强度增长率随侧限面的增加，虽然峰值强度增大，但增长趋势逐渐降低。

对试件残余强度进行同样方法的比较分析，可以看到单轴压缩试件残余强度为 4.31 MPa，方案一加入单向稳定侧限后残余强度增长率为 14.8%，方案二加入单个自由面的非稳定侧限后，增长率仅为 5.7%，而方案三增加为两个自由面非稳定侧限后，增长率明显增大，为 30.4%。从数据可以看到，方案二仅单个自由面加入非稳定侧限后，残余强度的提升较小，而方案三中，两个自由面均加入非稳定侧限后，残余强度明显增大，说明对试件左右两侧均施加侧限对残余强度有明显的提升。

综合以上试验结果，得到方案三试件中加入双侧非稳定侧限后不仅能提高试件的峰值强度，其更重要的作用是提高了试件的残余强度。类比至沿空巷道的煤柱状态，传统窄煤柱通过主动支护仅能为临巷道侧自由面提供一定的侧限约束力，并且实践案例表明由于无有效的锚固基础，锚杆锚固性能发挥不佳，所以对煤柱残余承载强度的提升有限，而错层位窄煤柱沿空巷道布置通过梯形煤体实现了对煤柱临采空区侧的侧限，并且窄煤柱与梯形煤体为完整的一个整体，其侧限能力要远高于人工支护，煤柱由双向受力状态向三向受力状态转化，所以可以预见煤柱的残余承载强度大幅度提升，有利于沿空巷道的稳定。

5.5.3 试件宏观破坏特征

1. 方案一试件破坏特征

图 5-30 为方案一试件仅单向（y 方向）稳定限侧时的破坏全过程。从图中可以发现，轴向载荷施加时，两自由面裂隙发育位置有所区别。自由面 1 裂隙发育起始于试件上部，然后裂隙逐渐向下扩展，加载过程中裂隙数量也逐渐增多，自由面 2 裂隙细纹发育起始于试件下部，逐渐向上延伸，并伴随有表面碎屑剥落，随着继续加载，裂隙长度与宽度进一步扩展，试件上部也出现了明显的十字裂缝，裂缝宽度小于 1 mm 试件表面产生向自由空间的位移，大块的碎片脱落，破坏深度同时增大，加载结束，拆掉侧限板后，可以看到沿试件对角线出现了一条宽度为 2 mm 左右的裂缝，该裂缝贯通了两个侧限面，试件完全分为两部分，从试件的破坏形态可以看出，试件发生了明显的剪切破坏。进一步分析，虽然试件两自由面裂隙数量分布较多，但裂隙宽度和深度较小，并非是引起试件破坏失稳的主要原因，试件失稳是由于沿侧限轴向的贯通式裂缝。分析原因认为，受稳定侧限板的约束，试件无法沿该方向运动，只能沿自由面方向运动，导致试件压剪破坏，自由面的裂隙主要是试件表面膨胀引起的。

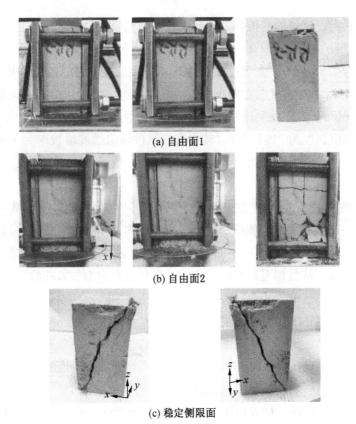

(a) 自由面1

(b) 自由面2

(c) 稳定侧限面

图 5-30　方案一试件破坏特征

2. 方案二试件破坏特征

图 5-31 为方案二试件单向（y 方向）稳定侧限与单个自由面（x 方向）上部非稳定侧限时的破坏过程。从图中可以发现，轴向加载过程中，完全自由面上部与下部均有裂隙发育，起始于试件对角位置，然后裂隙逐渐扩展增大，数量也增多，试件表面有碎屑剥落，卸载后试件表面碎块脱落，上部与下部破坏程度基本相同，并无明显差别。非稳定侧限面的裂隙由试件下部开始，逐渐发育至试件中部，随着持续加载，出现第二条特征类似的裂隙，试件表面有碎块脱落，并且可以直观地发现，非稳定侧限面向外扩容变形，亚克力板以螺栓为轴向外运动，卸载后上部表面仅出现膨胀位移，并无明显的破坏，说明上部亚克力板有利于限制试件的破坏，但试件在取出后拍照过程中下部表面也逐渐整体脱落。取出试件观察可以发现，沿稳定侧限轴向试件表面出现了明显的裂缝，对比图中的稳定侧限面的剪切裂缝，裂缝数量有所增大，但裂隙宽度减小不明显，为 1.5 mm 左右；试件破坏形态也有所变化，稳定侧限面破坏形态内部以压剪为主，试件表面主要为张拉破坏。对比仅单向侧限试件破坏特征，虽然加入非稳定侧限板的自由面位移受到一定的约束，但试件内部的整体破坏程度仍然较为严重，尤其是试件下部，表面碎块脱落后，有效承载宽度减小。

98

(a) 完全自由面

(b) 半自由面

(c) 稳定侧限面

图 5-31 方案二试件破坏特征

3. 方案三试件破坏特征

图 5-32 为单向（y 方向）稳定侧限与两个自由面（x 方向）非稳定侧限试件的破坏过程。图 5-32a 为自由面下部侧限，加载过程中，裂隙发育起始于为侧限的试件上部，并且裂隙扩展与数量增多也主要集中于试件上部，仅个别裂隙扩展至试件下部，卸载后试件上部破裂块体已非常不稳定，在拍照过程中脱落，连带下部表面也有部分块体脱落，但可以看出无论破坏范围，还是破坏深度，亚克力板侧限的下部表面破坏程度较轻。图 5-32b 为自由面上部侧限，试件下部与亚克力板不接触，加载过程中裂隙发育开始于下部，随着试验扩容变形，外侧的亚克力板被折断，试件下部已产生明显的裂缝，试验结束拆除装置后，可以看到试件上部也有细小裂纹分布。图 5-32c 为两稳定侧限面视角图，从破坏形态可以看出，试件为张拉破坏，试件加载中出现明显的扩容现象，导致试件出现最大宽度为 1.5 mm 左右的裂缝，从该视角中可以看到非稳定侧限对试件变形的影响，亚克力板非稳定侧限的上部和下部，其横向变形量较小，裂隙宽度也偏小，而无亚克力板的试件表面出现较大的横向位移，最大裂缝位置也靠近该位置。

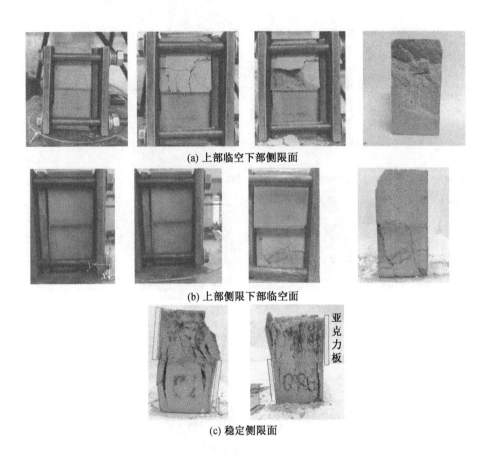

(a) 上部临空下部侧限面

(b) 上部侧限下部临空面

(c) 稳定侧限面

图 5-32　方案三试件破坏特征

综合对比 3 种试验方案的试件破坏状态可以发现，在未加入非稳定侧限时，试件完整性结构被严重破坏，导致物理力学性质被弱化，而在有非稳定侧限处的试件表面变形量偏小，并且两侧非稳定侧限试件的整体性要优于另外两种方案，破坏程度也最低。由此可以说明，错层位梯形煤体的侧限作用一方面能够起到限制煤柱扩容变形、裂隙扩展的作用，进而提高了煤柱的完整性，实现了减小窄煤柱变形的目的；另一方面，让煤柱的双向受力状态转变三向受力状态，提高了窄煤柱残余强度，实现了提高峰后残余强度状态的煤柱的承载能力的目的。另外，需要说明的是，窄煤柱完整性的加强也对防止漏风、瓦斯溢出、采空区自然发火有积极作用。

5.6　错层位窄煤柱变形适应性与可锚性分析

5.6.1　煤柱变形适应性分析

由前文分析可知，由于窄煤柱位于基本顶关键块的下方，所以关键块参与煤柱的整个服务周期。根据相邻两工作面的开采顺序，可以大致将关键块 B 的运动可分为 2 个阶段，即前期运动阶段与后期再运动阶段，这 2 个阶段内煤柱在基本顶"给定变形"变形下承载,煤柱变形过程如图 5-33 所示。前期运动阶段是指上工作面回采时,基本顶断裂后,关键块 B 向采空区回转下沉运动,这个阶段沿空巷道尚未开挖,煤柱尚未形成,根据王家臣等建立的煤壁拉剪破坏力学模型,受外载荷作用会发生剪切滑移破坏,所以此阶段实体煤侧一定范围内煤体发生剪切滑移破坏,向采空区变形移动。后期再运动阶段,关键块 B 实体煤侧的支撑能力逐渐下降,关键块 B 会向本工作面侧回转运动,那么同样会引起沿空巷道煤柱帮发生剪切滑移破坏,从而进一步加剧煤柱向两侧自由空间变形。

根据以上分析,煤柱受基本顶"给定变形"影响,必然会发生大变形,并且由前文分析可知煤柱变形量与关键块 B 的回转下沉量呈正相关性。若要减小煤柱的变形,可以从两方面着手。一是强化煤柱,通过提高煤柱的承载能力,减缓关键块的下沉速度,从而减小煤柱服务期间的变形量,前节侧限试验已经证明错层位窄煤柱沿空巷道布置可以通过梯形煤体的侧限作用提高煤柱的承载能力,此处不再赘述。二是转移变形位置,从图 5-33 中可以看到,常规沿空巷道布置方式下,煤柱受关键块前后两次运动影响,会分别向两侧自由空间变形,因煤柱下部无任何约束,其劣化程度高于煤柱上部,对基本顶的运动更敏感,这就导致这种状态下煤柱下部基础完整性差,易发生变形失稳,所以最大变形区域位于煤柱下半部分,正是巷道的煤柱帮,这是由巷道的布置形式决定的。若能够转移一部分煤柱的变形量,则有利于提高煤柱的完整性及稳定性。

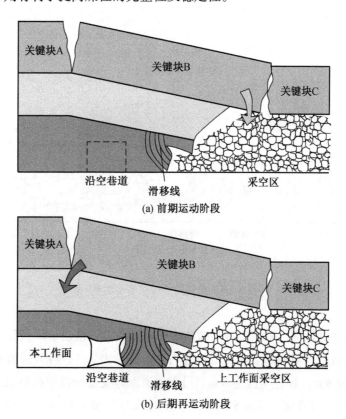

图 5-33 常规窄煤柱变形过程

图 5-34 为错层位窄煤柱两个阶段的变形过程。从图中可以看到，前期关键块 B 运动阶段，由于错层位工作面的特殊布置方式，实体煤帮下半部分有梯形煤体的侧向约束，而上半部分为自由面，所以在关键块 B 的回转运动过程中，仅实体煤帮上半部分发生剪切滑移破坏，向采空区内移动，此部分煤体由于发生严重的变形破坏，其力学性质劣化严重。虽然下半部分煤体受侧向支承压力影响会发生塑性破坏，但并未产生明显的位移，相对上半部分来说仍处于较为稳定的状态，说明错层位工作面将常规工作面实体煤帮下半部分的位移区域转移至了上部，从而保证了下半部分煤体仍具有较好的力学性质。本工作面开采时，关键块 B 进入后期再次运动阶段，同样会向本工作面回转运动，但是因为煤柱上半部分力学性质劣化严重，所以煤柱的变形量仍然主要集中在上部临采空区侧，而沿空巷道煤柱帮位移量将有所减小。

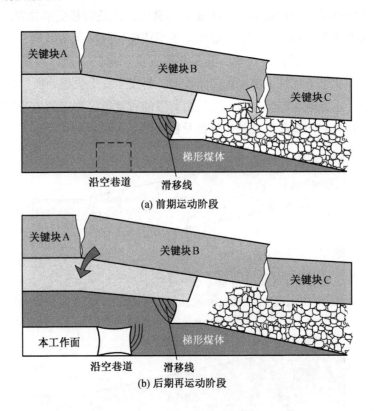

图 5-34 错层位窄煤柱变形过程

为验证上述理论分析，采用 UDEC 数值模拟对沿空巷道围岩破坏特征进行验证，模型采用图 3-3 所示数值计算模型，各岩层物理力学参数见表 3-1，各岩层节理力学参数见表 3-2，煤层厚度为 8 m，煤柱宽度为 6 m。沿空巷道围岩变形特征模拟结果如图 5-35 所示。

从图 5-35 中可以发现，常规窄煤柱与错层位窄煤柱变形特征明显不同，常规窄煤柱向两侧扩展变形量均非常大，其中采空区一侧煤帮位移量为 1600 mm 以上，巷道侧煤柱帮位移量也高达 1200 mm；错层位窄煤柱两侧位移特征则明显不同，其中采空区一侧煤帮上部位移量明显偏大，为 1200 mm，下部位移量逐渐减小，巷道侧煤帮变形较小，最大位移量仅 600 mm。针对以上模拟结果需要说明的是，以上模拟方案是在未支护的情况进行的，故位移量偏大。

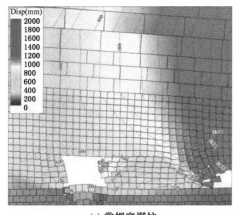

(a) 常规窄煤柱　　　　　　　　　　　　　　(b) 错层位窄煤柱

图 5-35　沿空巷道围岩变形特征模拟结果

以上结果可以验证前述理论分析的正确性。因常规窄煤柱下部无侧限约束，煤柱通过两侧大变形适应关键块 B 的回转下沉运动，从而导致煤柱破坏严重，易发生大变形失稳；错层位窄煤柱采空区一侧的煤帮上部无侧限约束，下部有梯形煤体提供侧向约束，所以煤柱主要通过采空区一侧煤帮的上部变形来适应关键块 B 的回转运动，从而弱化了顶板运动对巷道一侧的影响，达到了巷道一侧的煤帮变形量减小的目的，也证明了错层位窄煤柱对基本顶"给定变形"具有较好的适应性，有利于沿空巷道围岩稳定。

5.6.2　错层位窄煤柱可锚性分析

目前锚杆支护是巷道最常用的支护方式，我国煤矿巷道平均锚杆支护率达到 75% 以上，有些矿区甚至达到 100%。与锚杆相比，锚索具有锚固深度大、承载能力高、可施加较大预应力等优点，在大变形回采道中锚索应用也较为普遍。保证锚杆索锚固性能的一个关键是锚固段煤岩体的完整性。靖洪文等研究指出，随着裂隙发育程度增大，锚固段的锚固力呈下降趋势，所以提高锚固体的完整性能够更好地发挥锚杆索的锚固性能，而常规窄煤柱变形难控制的一个原因是煤柱裂隙异常发育，不能为锚杆提供有效的锚固基础，导致锚杆锚固力低，难以发挥锚固性能，并且由于煤柱宽度较小，锚索也难以应用，仅靠锚杆自身作用，难以限制煤帮的大变形。

由于错层位工作面特殊的巷道布置形式，窄煤柱的锚固环境发生了改变，梯形煤体的存在满足了锚索支护的长度要求，现通过 FLAC3D 数值模拟对梯形煤体塑性区发育特征进行分析，判断梯形煤体是否具有有效的锚固基础。模型为图 6-1 所示的模型。不同煤层厚度时，梯形煤体塑性区分布情况如图 5-36 所示。

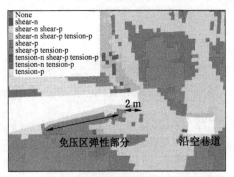

(a) 煤层厚度7 m

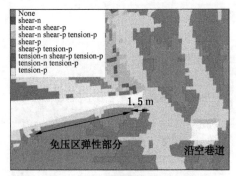

(b) 煤层厚度8 m

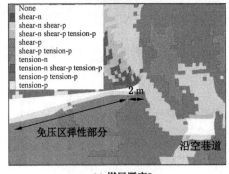

(c) 煤层厚度9 m

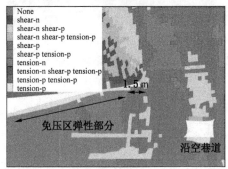

(d) 煤层厚度10 m

图 5-36　梯形煤体塑性区分布情况

从图 5-36 可以看出，当煤层厚度为 7~10 m 时，在错层位工作面开采后，梯形煤体内均存在未受到破坏的弹性煤体，该部分煤体仅承担直接顶垮落矸石的重量，处于免压区，在接续工作面开采时，梯形煤体基本不受影响。梯形煤体在靠近煤柱的区域发生塑性破坏，塑性区宽度为 1.5~2 m，范围较小，并未跟随煤层厚度的增大而增大，说明梯形煤体的塑性破坏基本不受煤层厚度变化的影响。随着煤层厚度的增大，梯形煤体区域也随之增大，可以看到其中的弹性煤体范围也逐渐扩大，说明梯形煤体的完整性与稳定性随煤层厚度增大而提高。

综合以上分析可知，沿空巷道错层位布置比常规沿空巷道布置在可锚性方面具有明显优势，主要体现在两个方面，结合图 5-37 进行说明。一是窄煤柱的可锚性得到提高，由前文分析可知，煤柱的变形、裂隙主要集中在上半部分，而煤柱的下半部分受梯形煤体侧限作用，虽然窄煤柱也发生了塑性破坏，但裂隙发育程度较常规煤柱更低，完整性较常规煤柱更好，那么根据锚杆锚固力与围岩裂隙发育程度的关系可知，错层位窄煤柱可锚性提高，锚杆的锚固力较常规煤柱就有所提升。二是梯形煤体为锚索提供了应用环境，梯形煤体的存在首先满足了锚索对煤柱宽度的要求,其次梯形煤体较好的完整性又能为锚索提供较好的锚固基础,可以保证锚索的锚固性能,为煤柱施加高于锚杆的侧向约束力,深层锚索与浅层锚杆联合支护形成耦合的统一承载体。结合前文,窄煤柱与梯形煤体均位于低应力区,所以错层位窄煤柱沿空巷道既具有常规窄煤柱沿空巷道低应力区布置的特点,又具有宽煤柱的锚固环境,综合以上两方面,错层位窄煤柱沿空巷道布置有利于围岩稳定性的控制。

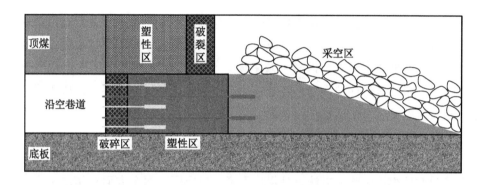

图 5-37 错层位窄煤柱支护结构

6 特厚煤层错层位沿空巷道围岩控制试验验证

针对前面提出的错层位窄煤柱与负煤柱沿空巷道两种布控对策，本章对沿空巷道围岩控制效果展开试验验证。首先建立数值模拟模型，试验对比分析错层位窄煤柱与常规窄煤柱沿空巷道围岩变形特征，然后以老公营子煤矿 5（9）轨道平巷采用错层位窄煤柱巷道布置的案例进一步验证煤柱帮大变形控制效果，以华丰煤矿与镇城底煤矿应用错层位负煤柱沿空巷道布置的案例评价底鼓控制效果。

6.1 错层位窄煤柱沿空巷道大变形控制机理数值试验

本节通过数值模拟试验的方法，从煤柱宽度、煤层厚度两个方面对错层位窄煤柱沿空巷道与常规窄煤柱沿空巷道围岩变形控制效果进行对比，设置不同起坡高度参数研究错层位沿空巷道围岩变形规律，力求达到既能减小煤炭资源损失，又能有效控制围岩变形的效果。

6.1.1 数值模拟方案设计

常规窄煤柱沿空巷道与错层位沿空巷道对比方案包括Ⅰ方案（不同煤柱宽度）、Ⅱ方案（不同煤层厚度）；错层位沿空巷道自身对比方案包括Ⅲ方案（不同起坡高度）。A～C方案均以巷道断面尺寸、地应力为不变量，依次以煤柱宽度、煤层厚度、起坡高度为变量，固定另外 2 个变形进行模拟，具体设计方案如下：

1. Ⅰ方案——不同煤柱宽度对比方案

Ⅰ方案主要对比不同煤柱宽度时常规沿空巷道与错层位沿空巷道等条件下巷道围岩变形和应力变化规律，以煤柱宽度为变量，编号为 A_i 与 B_i，其中 $i=1～4$，分别对应的煤柱宽度为 5 m、6 m、7 m、8 m，其中 $A_1～A_4$ 方案代表常规窄煤柱沿空巷道，$B_1～B_4$ 方案代表错层位沿空巷道，具体方案见表 6-1。

表6-1 不同煤柱宽度对比方案

方案编号	煤柱宽度/m	不变量
A_1，B_1	5	煤层厚度 8 m，地应力 10 MPa，围岩强度
A_2，B_2	6	
A_3，B_3	7	
A_4，B_4	8	

2. Ⅱ方案——不同煤层厚度对比方案

该类方案主要对比不同煤层厚度时常规沿空巷道与错层位沿空巷道等条件下巷道围岩变形和应力变化规律，以煤层厚度为变量，编号为 A_i 与 B_i，其中 $i=1\sim6$，分别对应的煤层厚度为 7 m、8 m、9 m、10 m、11 m、12 m，其中 $A_1\sim A_6$ 方案代表常规窄煤柱沿空巷道，$B_1\sim B_6$ 方案代表错层位沿空巷道，具体方案见表6-2。

表6-2 不同煤层厚度对比方案

方案编号	煤层厚度/m	不变量
A_1，B_1	7	
A_2，B_2	8	
A_3，B_3	9	煤柱宽度 6 m，地应力 10 MPa，围岩强度
A_4，B_4	10	
A_5，B_5	11	
A_6，B_6	12	

3. Ⅲ方案——不同起坡高度对比方案

该类方案主要对比错层位工作面不同起坡高度时沿空巷道围岩变形和应力变化规律，以起坡高度为变量，编号为 A_i，其中 $i=1\sim5$，分别对应的起坡高度为 3 m、4 m、5 m、6 m，具体方案见表6-3。

表6-3 不同起坡高度对比方案

方案编号	起坡高度/m	不变量
A_1	3	
A_2	4	煤层厚度 12 m，煤柱宽度 6 m，地应力 10 MPa，围岩强度
A_3	5	
A_4	6	

6.1.2 模型建立与监测方案

利用 FLAC3D 数值模拟软件进行数值计算，模型尺寸为 300 m×70 m×80 m（长×宽×高），模型采用 Mohr-Coulomb 准则。煤层埋深500 m，模型中煤层上方有80 m岩层，向模型顶部施加垂直向下的10.5 MPa的补偿载荷，模型底部边界约束垂直位移，模型左右边界、前后边界约束水平位移。模型体中各岩层物理力学参数见表4-1，模型如图6-1所示。

为了尽量与沿空巷道现场应用情况相符及减小边界效应，在本工作面开采位置的前方40 m处设置监测断面，沿空巷道顶板、煤柱帮和实体煤帮监测点编号分别为 D_{m-n}、Z_{m-n} 和 S_{m-n}，其中 $m=1$ 或 2，分别代表常规窄煤柱沿空巷道和错层位沿空巷道；n 为测点编号。模型中煤层与直接顶的网格大小为0.5 m，每隔0.5 m设置1个测点，各监测点位置与布置方式如图6-2所示。

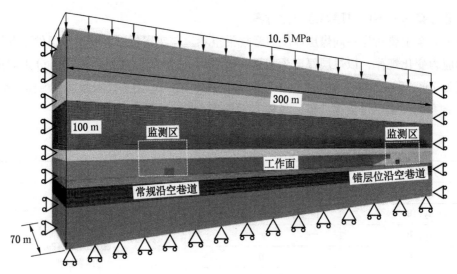

图 6-1　模型与边界条件示意

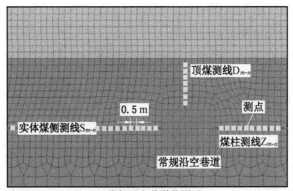

(a) 常规沿空巷道监测区

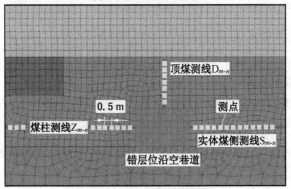

(b) 错层位沿空巷道监测区

图 6-2　数值模拟监测方案

6.1.3　评价指标建立

错层位沿空巷道相比常规窄煤柱沿空巷道，其围岩变形量与应力分布规律有所不同，为了更好地对比分析两者之间的区别，检验错层位沿空巷道的围岩稳定控制效果，建立煤柱支承压力降低率、实体煤帮侧向支承压力增长率、顶板下沉率和两帮移近率等定量评价指标，揭示错层位沿空巷道围岩变形规律。

（1）煤柱支承压力降低率，即工作面开采稳定后，沿空巷道煤柱内支承压力较原岩应力减小的百分比。煤柱处于低应力区，同等宽度时，煤柱支承压力越低表示煤柱强度下降越大，所以煤柱应在满足低应力布置的前提下，减小支承压力降低率，有利于煤柱承载能力的提升。

模型中各岩层倾角为 0，提取的巷道围岩网格节点的垂直应力即为支承压力，煤柱支承压力降低率计算公式为

$$w(Z_{jk}) = \frac{Z_{jk-\text{ini}} - Z_{jk-\text{max}}}{Z_{jk-\text{ini}}} \times 100\% \tag{6-1}$$

式中，$w(Z_{jk})$ 为 jk 方案时沿空巷道煤柱支承压力降低率，表示 jk 方案相对原岩应力的减小程度，$w(Z_{jk})$ 越低，表示煤柱承载能力越小，其中 j 表示 Ⅰ、Ⅱ、Ⅲ 三类方案中的一种，k 表示某方案中的某一子方案；$Z_{jk-\text{ini}}$ 表示 jk 方案的原岩应力，MPa；$Z_{jk-\text{max}}$ 表示 jk 方案的煤柱支承压力峰值，MPa。

（2）实体煤帮侧向支承压力增长率，即沿空巷道实体煤帮侧向支承压力相对于原岩应力增大的百分比，计算公式为

$$w(S_{jk}) = \frac{S_{jk-\text{max}} - S_{jk-\text{ini}}}{S_{jk-\text{ini}}} \times 100\% \tag{6-2}$$

式中，$w(S_{jk})$ 为 jk 方案时沿空巷道实体煤侧侧向支承压力增长率，表示 jk 方案相对原岩应力的增长程度，$w(Z_{jk})$ 越大，表示沿空巷道实体煤帮应力集中程度越大，其中 j 表示 Ⅰ、Ⅱ、Ⅲ 三类方案中的一种，k 表示某方案中的某一子方案；$Z_{jk-\text{ini}}$ 表示 jk 方案的原岩应力，MPa；$Z_{jk-\text{max}}$ 表示 jk 方案的实体煤帮支承压力峰值，MPa。

（3）两帮移近率，即窄煤柱沿空巷道受上工作面采动影响，巷道两帮移近量占巷道宽度的百分比，计算公式为

$$\eta(L_{jk}) = \frac{L_{jk-\text{max}}}{a} \times 100\% \tag{6-3}$$

式中，$\eta(L_{jk})$ 为 jk 方案中巷道两帮移近率，表示 jk 方案中巷道两帮的变形程度，$\eta(L_{jk})$ 越大，表示巷道两帮移近量越大，$\eta(L_{jk})$ 越小，表示巷道两帮移近量越小；$L_{jk-\text{max}}$ 为巷道两帮累计移近量最大值，m；a 为巷道宽度，m。

（4）顶底板移近率，即窄煤柱沿空巷道受上工作面采动影响，巷道顶底板移近量占巷道高度的百分比，计算公式为

$$\eta(R_{jk}) = \frac{R_{jk-\text{max}}}{b} \times 100\% \tag{6-4}$$

式中，$\eta(R_{jk})$ 为 jk 方案中巷道顶底板移近率，表示 jk 方案中巷道顶底板的变形程度，$\eta(R_{jk})$ 越大，表示巷道顶底板移近量越大，$\eta(R_{jk})$ 越小，表示巷道顶底板移近量越小；$R_{jk-\text{max}}$ 为巷道顶底板累计移近量最大值，m；b 为巷道高度，m。

6.2 数值模拟结果分析

6.2.1 不同煤柱宽度对比方案结果分析

6.2.1.1 不同煤柱宽度沿空巷道围岩支承压力对比分析

以煤柱宽度为变量进行对比分析，各方案沿空巷道围岩垂直应力分布特征如图6-3所示，

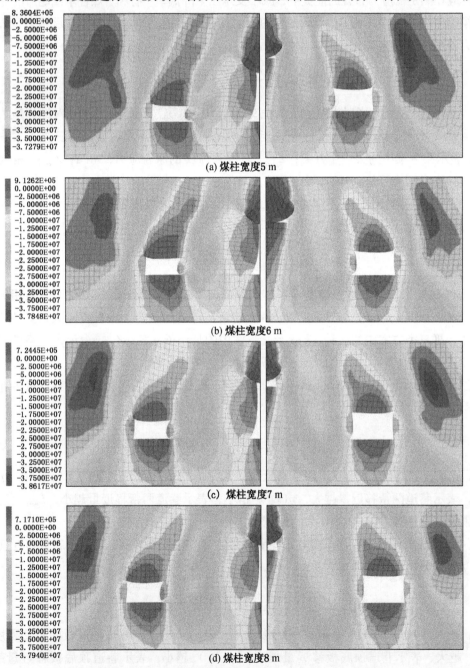

(a) 煤柱宽度5 m

(b) 煤柱宽度6 m

(c) 煤柱宽度7 m

(d) 煤柱宽度8 m

图6-3 不同煤柱宽度时的垂直应力云图（单位：MPa）

左侧为常规窄煤柱沿空巷道，右侧为错层位窄煤柱沿空巷道（下同）。从图中可以发现：常规窄煤柱沿空巷道实体煤侧有明显的应力集中现象，应力峰值位置偏向于煤层上部，与巷帮的水平距离为 4.5 m，随着煤柱宽度的增大，应力峰值点逐渐下移，但水平距离无明显变化，煤柱侧处于低于原岩应力的低应力区，随着煤柱宽度由 5 m 增大至 8 m，始终无明显的应力集中现象，但煤柱中部应力值在逐渐增大，巷道顶底板出现拉应力显现；错层位窄煤柱沿空巷道实体煤侧应力集中位置同样偏向于煤层上部，与巷帮的水平距离为 3.5 m，峰值位置随煤柱宽度增大，无明显变化，与常规沿空巷道不同的是，窄煤柱应力分布较为均衡，应力梯度较小，并且在煤柱上部出现较小范围的应力集中，由此说明虽然煤柱已发生塑性破坏，但由于梯形煤体提供侧向约束力的作用，煤柱的整体承载能力仍高于常规窄煤柱。

图 6-4 为常规窄煤柱沿空巷道与错层位窄煤柱沿空巷道两帮支承压力分布曲线，图 6-5 为根据定量评价指标，汇总的沿空巷道两帮支承压力峰值与变化率。

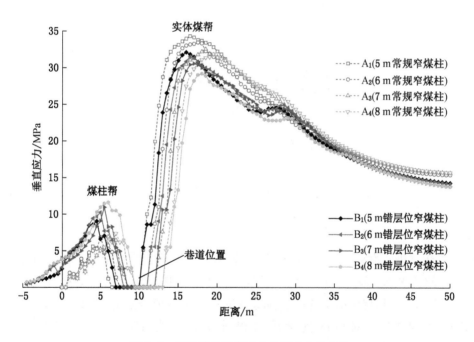

图 6-4 不同煤柱宽度时支承压力分布曲线

依据图 6-4 和图 6-5 得到沿空巷道围岩支承压力分布规律如下：

（1）不管是常规窄煤柱沿空巷道还是错层位窄煤柱沿空巷道，随着煤柱宽度的增大，煤柱帮与实体煤帮在向深部发展的过程中，支承压力整体呈现先增大后减小的非对称分布特征。图 6-4 中纵轴右侧的数据表示，错层位采空区下方的部分梯形煤体在实际开采中仅承担垮落矸石的重量，其支承压力明显低于原岩应力，与巷道掘进前并无明显变化。

（2）随着煤柱宽度的增大，两种沿空巷道实体煤帮支承压力峰值随煤柱宽度增大而减

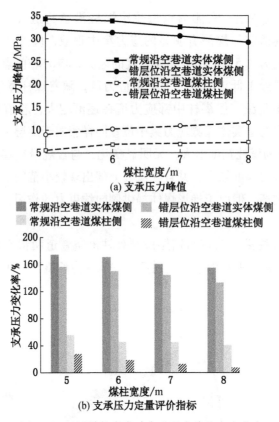

图6-5 不同煤柱宽度时支承压力峰值与变化率

小，煤柱帮支承压力峰值随煤柱宽度增大而增大，由此可以说明，在满足窄煤柱留设的原则下，适当增大煤柱宽度可提高煤柱的承载能力，同时降低实体煤帮的应力集中程度，有利于维护沿空巷道的稳定。

（3）常规窄煤柱沿空巷道留设5~8 m煤柱时，对应的实体煤帮支承压力峰值分别为34.3 MPa、33.8 MPa、32.5 MPa、31.8 MPa，支承压力提升率分别为174.4%、170.7%、160.3%、154.9%，错层位沿空巷道实体煤帮支承压力峰值分别为32.1 MPa、31.3 MPa、30.6 MPa、29.2 MPa，对应的支承压力提升率分别为156.7%、150.3%、144.5%、133.4%。由以上数据得到，当煤柱宽度相同时，错层位沿空巷道实体煤帮支承压力峰值降低1.9 MPa以上，提升率降低15.8%以上。在煤柱宽度相同条件下，常规沿空巷道煤柱帮支承压力分别为5.5 MPa、6.83 MPa、6.91 MPa、7.36 MPa，错层位沿空巷道煤柱帮支承压力分别为9.03 MPa、10.23 MPa、10.94 MPa、11.59 MPa。通过数据对比发现，煤柱帮支承压力对比结果与实体煤帮恰好之相反，错层位沿空巷道较常规沿空巷道煤柱帮支承压力峰值增大3.4 MPa以上，煤柱支承压力降低率减小27.2%以上。由此表明，当煤柱宽度相同时，错层位沿空巷道布置由于采空区下方梯形煤体的存在，可以为煤柱提供一定的侧向约束力，能够有效提高煤柱的承载能力，表现为支承压力增大，再次印证了错层位煤柱具有较好的载荷适应性。

6.2.1.2 不同煤柱宽度沿空巷道围岩变形特征对比分析

图6-6为不同煤柱宽度时沿空巷道围岩位移云图。由图可知，常规窄煤柱沿空巷道变

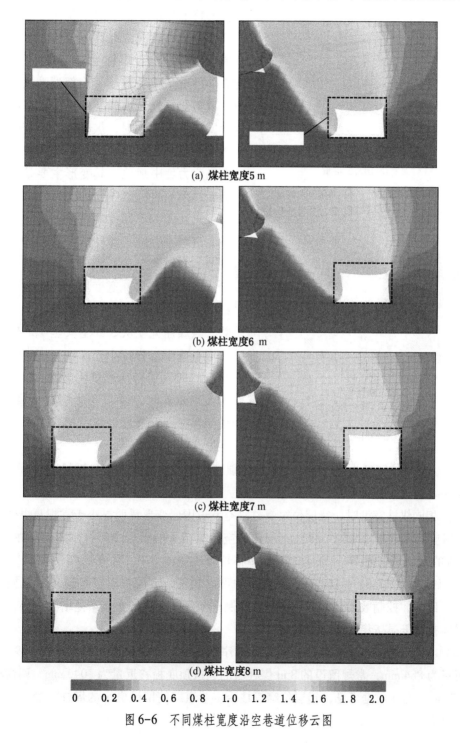

(a) 煤柱宽度5 m

(b) 煤柱宽度6 m

(c) 煤柱宽度7 m

(d) 煤柱宽度8 m

| 0 0.2 0.4 0.6 0.8 1.0 1.2 1.4 1.6 1.8 2.0 |

图6-6 不同煤柱宽度沿空巷道位移云图

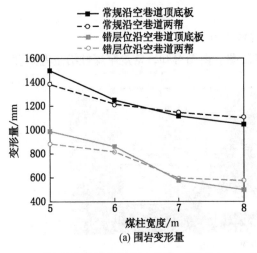

图例：
- 常规沿空巷道顶底板
- 常规沿空巷道两帮
- 错层位沿空巷道顶底板
- 错层位沿空巷道两帮

(a) 围岩变形量

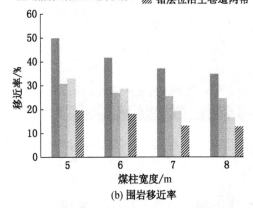

图例：
- 常规沿空巷道顶底板
- 常规沿空巷道两帮
- 错层位沿空巷道顶底板
- 错层位沿空巷道两帮

(b) 围岩移近率

图 6-7 不同煤柱宽度时围岩变形量及移近率

形量明显大于错层位沿空巷道。两种巷道布置方式的变形特征主要体现为顶板下沉与煤柱帮内移，而实体煤帮位移量明显偏小，该变形特征与现场调研的窄煤柱沿空巷道围岩变形特征一致。由此可以证明，窄煤柱沿空巷道主要是由于煤柱受上工作面采动影响，整体已发生塑性破坏，内部裂隙发育，导致强度劣化严重，承载能力弱，当基本顶关键块回转下沉运动时，煤柱发生大变形，而实体煤帮不受关键块的运动影响，结合实体煤帮高应力集中现象，其变形主要是由于高应力释放引起的扩容变形。

图 6-7 为不同煤柱宽度时常规窄煤柱沿空巷道与错层位窄煤柱沿空巷道围岩变形量及移近率，其变形规律以下：

（1）随着煤柱宽度增大，两种布置方式的沿空巷道其围岩变形量呈现整体下降的趋势，当煤柱宽度从 5 m 增大至 7 m 时，围岩变形量减小趋势较小，煤柱宽度由 7 m 增大至 8 m 时，围岩变形量明显减小，而由 7 m 增大至 8 m 时，围岩变形量减小值又降低，说明存在一个合理的煤柱宽度，既能基本满足安全生产的需要，又能最大限度地回收资源。另外，当煤柱宽度为 5 m 时，沿空巷道顶底板移近量大于两帮移近量，而当煤柱宽度增大至 6~8 m 时，以两帮变形为主。

（2）相同煤柱宽度时，错层位窄煤柱沿空巷道围岩变形量明显小于常规窄煤柱沿空巷道，用对应的移近率相减即可得到错层位沿空巷道布置的围岩变形控制率。煤柱宽度 5~8 m 对应的顶底板控制率分别为 17%、20%、18%、18.3%，对应的两帮控制率分别为 11.1%、12.3%、16.8%、16.3%，从数据中可以发现，错层位沿空巷道顶底板控制率普遍在 17% 以上，控制效果较好，两帮位移控制率随煤柱宽度增大基本呈增大趋势，这表明梯形煤体有利于提高巷道围岩稳定性。

（3）不同煤柱宽度时，错层位留设 5 m 窄煤柱时的巷道顶底板移近量为 989 mm，两帮移近量为 884 mm，常规留设的 8 m 煤柱时的巷道顶底板移近量为 1046 mm，两帮移近量为 1107 mm。对比数据可见，错层位窄煤柱沿空巷道即使留设更小的煤柱，沿空巷道围岩变形量也更小。

综合 I 类方案对比分析可知，与常规窄煤柱沿空巷道相比，错层位窄煤柱沿空巷道既能够满足低应力区布置巷道，又能够更好地提升煤柱的承载能力，巷道围岩更易控制。

6.2.2　不同煤层厚度对比方案结果分析

6.2.2.1　不同煤层厚度沿空巷道围岩支承压力对比分析

图 6-8 为不同煤层厚度时沿空巷道垂直应力分布云图。由图可知，沿空巷道两侧垂直应力分布特征除了具有上节分析的特征外，还可以发现煤柱内垂直应力呈非对称分布。煤柱靠近巷道侧低应力区范围较小，随煤层厚度增大无明显变化，这主要是由于巷道掘进对上覆岩层结构的扰动影响较小，而煤柱临采空区侧低应力区范围较大，并且随着煤层厚度的增大，该区域范围逐渐扩大，这是由于随着煤层厚度增大，上覆岩层破断高度继续向上发展，作用于煤柱上的附加载荷增加，因应力越大将导致煤体塑性破坏越严重，所以附加载荷低应力区范围扩大。

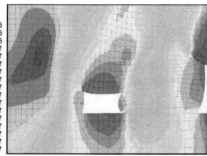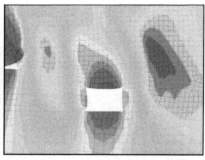

(a) 煤层厚度 7 m

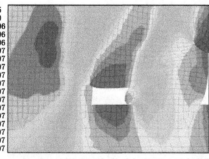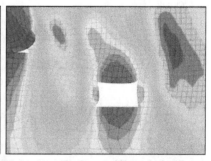

(b) 煤层厚度 8 m

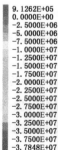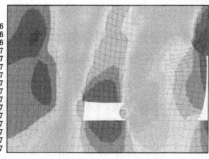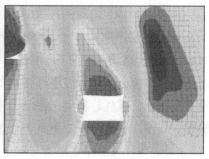

(c) 煤层厚度 9 m

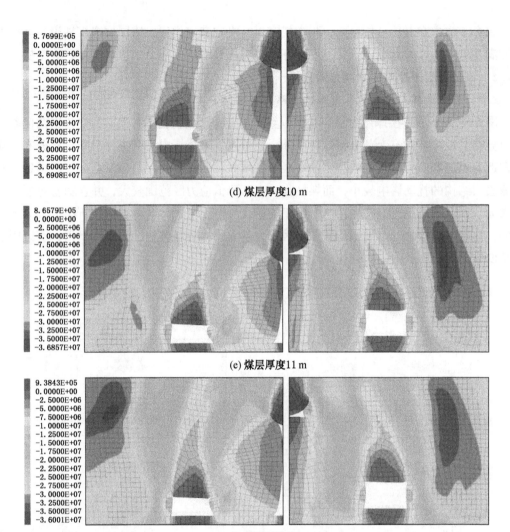

(d) 煤层厚度10 m

(e) 煤层厚度11 m

(f) 煤层厚度12 m

图 6-8　不同煤层厚度时的垂直应力云图（单位：MPa）

结合图 6-9 和图 6-10 可知，煤层厚度与两种沿空巷道围岩支承压力之间的关系如下：

（1）随着煤层厚度的增大，两种类型沿空巷道的煤柱帮与实体煤帮的支承压力峰值均逐渐减小，但当煤层厚度达 11 m 时减小趋势降低，煤柱应力峰值的减小说明煤柱承载能力的降低。这一规律同现场煤层厚度与煤柱稳定性之间的关系一致，随着煤层厚度增大，煤柱宽高比减小，煤柱易发生大变形失稳；随着煤层厚度增大，实体煤侧应力峰值逐渐向深部转移，煤厚 7 m 时，峰值距离巷帮表面 4 m，煤厚 12 m 时，峰值与巷帮的距离增大至 5 m。该结果表明，煤层厚度增大导致上覆岩层破断高度增加，附加载荷施加至煤体，致使应力峰值向深部转移，转移过程中峰值大小逐渐减低。

（2）同一煤层厚度时，常规沿空巷道实体煤侧支承压力峰值略大于错层位沿空巷道实体煤侧应力峰值，该差值较小，为 0.5 MPa 左右，说明错层位窄煤柱沿空巷道对实体煤侧的降低作用有限；而错层位窄煤柱沿空巷道煤柱侧应力峰值提升较大，当煤层厚度从 7 m 增大至 12 m 时，煤柱侧支承压力提升率从 16.3% 增大至 34.7%，这表明煤层厚度越大，煤柱塑性破坏降低，完整性越好，梯形煤体对煤柱承载强度的提升越大。

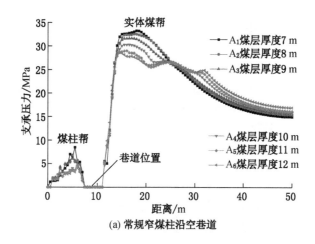

(a) 常规窄煤柱沿空巷道

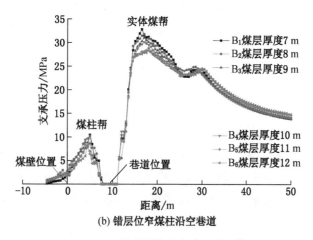

(b) 错层位窄煤柱沿空巷道

图 6-9 不同煤层厚度时支承压力分布曲线

6.2.2.2 不同煤层厚度沿空巷道围岩变形特征对比分析

不同煤层厚度时沿空巷道围岩位移云图如图 6-11 所示，为综合对比分析各方案巷道围岩变形与控制规律，对巷道顶底板和两帮最大移近量及移近率进行汇总，如图 6-12 所示。

结合图 6-11 和图 6-12 可知，沿空巷道随煤层厚度增大的变形规律如下：

（1）随着煤层厚度由 7 m 增大至 12 m，常规窄煤柱沿空巷道围岩变形量不断增大，顶底板移近量由 1045 mm 增大至 1663 mm，两帮移近量由 972 mm 增大至 1509 mm，其中 7~9 m

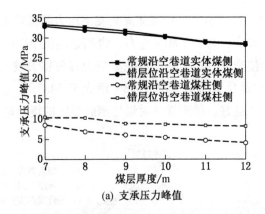

(a) 支承压力峰值

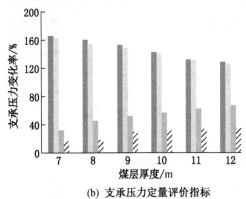

(b) 支承压力定量评价指标

图6-10　不同煤层厚度时支承压力峰值与变化率

时，围岩变形量增速较大，当煤层厚度继续增大，围岩变形量增速减缓。错层位窄煤柱沿空巷道围岩变形量随着煤层厚度的增大而减小，煤层厚度由 7 m 增大至 12 m 的过程中，顶底板移近量由 887 mm 减小为 541 mm，两帮移近量由 838 mm 减小为 418 mm，其中 7~9 m 时，围岩变形量下降较为缓慢，而当煤层厚度继续增大时，围岩变形量下降速度增大。

（2）错层位窄煤柱沿空巷道对顶底板的控制率分别为 5.2%、13%、22.2%、27.3%、33.3%、37.4%，对两帮的控制率分别为 3%、9%、15.4%、18.6%、22%、24.2%，可以发现煤层厚度越大，围岩变形控制效果越好。两种沿空巷道表现出截然相反的变形特征，分析原因认为，常规窄煤柱随煤层厚度增大，煤柱宽高比降低，煤柱的采空区侧无侧限，难以限制煤柱的变形失稳，煤柱整体稳定性下降，而错层位沿空巷道虽然随煤层厚度增大，煤柱宽高比也降低，但梯形煤体的高度也逐渐增大，对煤柱的侧向约束范围也越大，比如当煤厚 7 m 时，梯形煤体与煤厚比值为 4/7，而当煤厚 12 m 时，该比值增大至 3/4，所以错层位窄煤柱沿空巷道布置方式对特厚煤层的适应性更强。

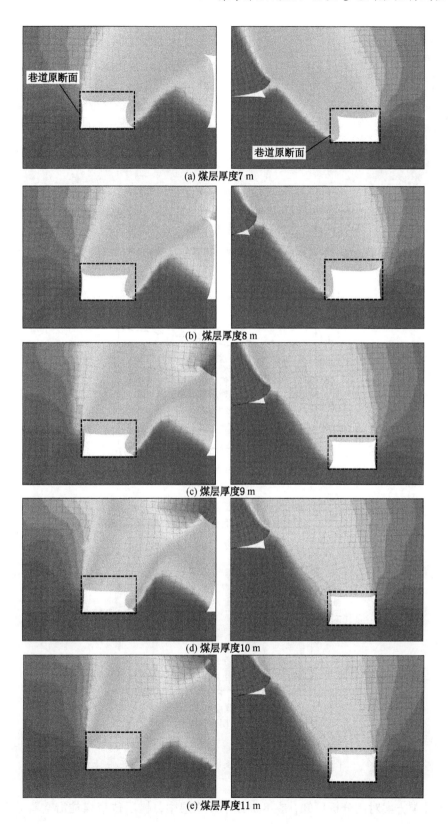

(a) 煤层厚度7 m

(b) 煤层厚度8 m

(c) 煤层厚度9 m

(d) 煤层厚度10 m

(e) 煤层厚度11 m

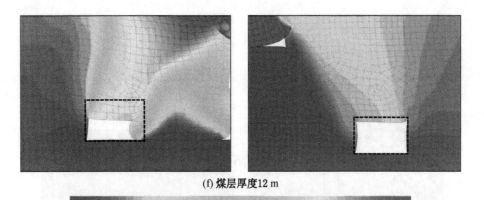

(f) 煤层厚度12 m

图 6-11 不同煤层厚度时沿空巷道围岩位移云图（单位：m）

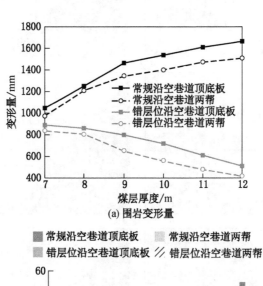

(a) 围岩变形量

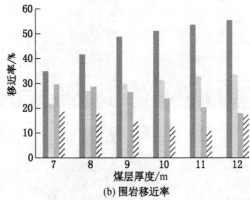

(b) 围岩移近率

图 6-12 不同煤层厚度时围岩变形量及移近率

综合Ⅱ类方案对比分析可知，在 8 m 以下厚煤层中，错层位窄煤柱沿空巷道布置相比常规窄煤柱沿空巷道对围岩的控制效果并不突出，而当煤层厚度大于 8 m 时，随着煤层厚度的增大，错层位窄煤柱沿空巷道布置方式对煤柱承载能力的提升、对围岩的控制效果会越来越好。

6.2.3　不同起坡高度对比方案结果分析

6.2.3.1　不同起坡高度沿空巷道围岩支承压力对比分析

　　错层位工作面随着起坡高度的增大，梯形煤体的体积也随之增大，该部分煤体遗落在采空区无法被回采，因此，在满足沿空巷道围岩稳定的前提下，降低起坡高度有利于资源的回收。此类方案以起坡高度为变量进行对比分析，图 6-13 为各方案巷道围岩垂直应力分布云图。

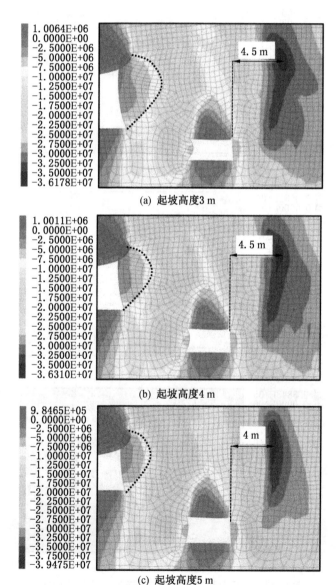

(a) 起坡高度3 m

(b) 起坡高度4 m

(c) 起坡高度5 m

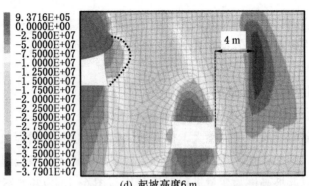

(d) 起坡高度6 m

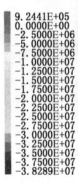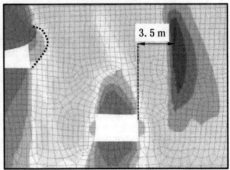

(e) 起坡高度7 m

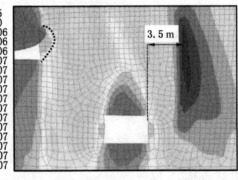

(f) 起坡高度8 m

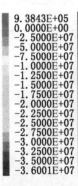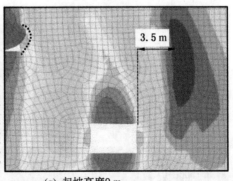

(g) 起坡高度9 m

图6-13 不同起坡高度垂直应力云图（单位：MPa）

由图6-13可知，随着起坡高度的增加，煤柱临采空区侧的低应力区范围不断减小，而煤柱中部的相对较高支承压力区范围逐渐增大，表明随着起坡高度的增大，煤柱左侧侧限高度增加，临空高度减小，煤柱的中部较稳定承载范围增大；随着起坡高度的增加，实体煤侧支承压力峰值与煤帮的距离逐渐减小，起坡高度由3m增加至9m的过程中，应力峰值与煤帮的距离由4.5m减小至3.5m，说明了实体煤侧塑性破坏范围的减小，同时也侧面说明了更多的载荷由窄煤柱承担。

各方案煤柱帮与实体煤帮支承压力峰值及变化率如图6-14所示。从图中看到，在错层位工作面，梯形煤体起坡高度由3m增大至9m时，煤柱侧支承压力峰值由5.3MPa增大至8.2MPa，煤柱侧应力降低率由58%减小至34.6%，说明不仅煤柱中部相对较稳定的承载范围增大，而且承载能力也提升，但是对煤柱承载能力的提升幅度有所不同。从支承压力峰值方面分析，起坡高度为3~6m时，每增加1m，支承压力峰值提升率分别增大6.6%、7.4%、5.8%，起坡高度为6~7m时，每增加1m，支承压力峰值提升率分别增大1.4%、1.3%、0.8%，分析认为这同起坡高度与煤柱临空高度的比值有关，3~6m时该比

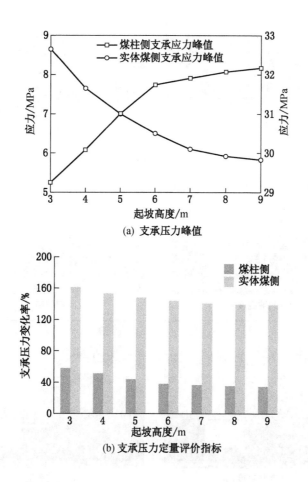

(a) 支承压力峰值

(b) 支承压力定量评价指标

图6-14 不同起坡高度时沿空巷道支承压力峰值与变化率

值分别为 1/3、1/2、5/7、1/1，比值由小于 1 逐渐增大至等于 1 的，此时梯形煤体对煤柱承载能力的提升较大，而当 7~9 m 时该比值分别为 7/5、2/1、3/1，均大于 1，对煤柱承载能力的提升有限。实体煤帮支承压力峰值随着起坡高度的增加逐渐降低，说明错层位巷道布置能够降低实体煤帮的应力集中程度，对控制实体煤帮膨胀变形有利，实体煤帮支承压力峰值的降低幅度在起坡高度为 3~6 m 时较大，7~9 m 时降低幅度逐渐减小。

6.2.3.2　不同起坡高度沿空巷道围岩变形特征对比分析

不同起坡高度时沿空巷道围岩位移云图如图 6-15 所示，为综合对比分析各方案巷道围岩变形与控制规律，对巷道顶底板和两帮最大移近量及移近率进行汇总，如图 6-16 所示。

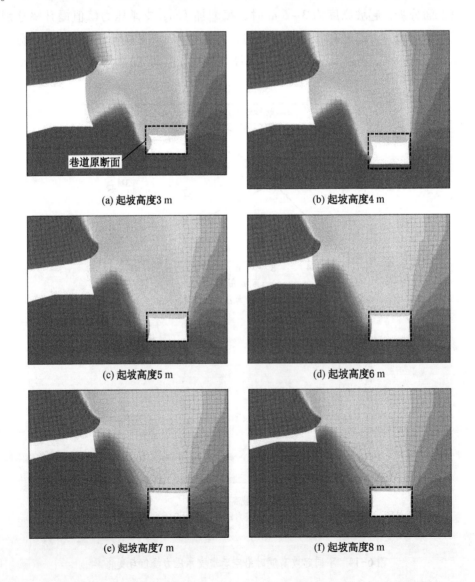

(a) 起坡高度 3 m

(b) 起坡高度 4 m

(c) 起坡高度 5 m

(d) 起坡高度 6 m

(e) 起坡高度 7 m

(f) 起坡高度 8 m

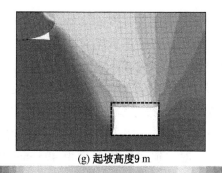

(g) 起坡高度9 m

| 0 | 0.2 | 0.4 | 0.6 | 0.8 | 1.0 | 1.2 | 1.4 | 1.6 | 1.8 | 2.0 |

图 6-15　不同起坡高度沿空巷道围岩位移云图（单位：m）

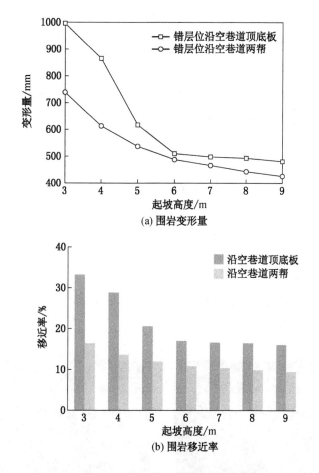

图 6-16　不同起坡高度时围岩变形量及移近率

结合图 6-15 和图 6-16 可知，沿空巷道随起坡段高度增大的变形规律如下：

（1）煤柱下部有梯形煤体侧限的部分区域位移量较小，上部临空的部分区域位移量明显增大，随着起坡高度的增大，煤柱上部位移量较大的区域逐渐减小，说明煤柱临空时塑性破坏严重，降低了煤柱的完整性，煤柱承载能力下降严重，易发生大变形，加大煤柱的侧限高度，即增大梯形煤体高度能够有效减小煤柱向上工作面采空区侧的变形。

（2）随着起坡高度的增大巷道围岩变形量逐渐降低，在起坡高度为 3~6 m 时，顶底板移近量由 996 mm 减小至 510 mm，移近率由 33.2% 减小为 17%，两帮移近量由 739 mm 减小至 488 mm，移近率由 16.4% 减小为 10.8%，此范围的起坡高度对围岩变形的控制效果明显；在起坡高度为 7~9 m 时，顶底板移近量由 498 mm 减小至 481 mm，移近率由 16.6% 减小为 16%，两帮移近量由 466 mm 减小至 426 mm，移近率由 10.4% 减小为 9.4%，此时虽然随着起坡高度的增大，围岩变形量仍逐渐减小，但减小的围岩变形量相对整个巷道断面来说不大，也就是说起坡高度超过煤柱高度的一半时，梯形煤体对围岩变形的控制效果下降。

综合Ⅲ类方案分析可知，在特厚煤层中，随着梯形煤体起坡高度的增大，窄煤柱的承载能力不断提升，实体煤帮的支承压力不断减小，巷道的围岩变形量不断减小，但起坡高度超过煤柱高度的一半时，煤柱承载能力提升和围岩变形控制效果逐渐减弱。因此，在错层位窄煤柱沿空巷道应用中，可适当减小起坡高度，这样既能够保证实现控制围岩变形的目的，又能够减小资源浪费，提高回收率。

6.3 错层位窄煤柱沿空巷道工程试验

老公营子煤矿 5 号煤层，埋深 320 m，煤层厚度由西向东逐渐减小，平均厚度为 7.9 m，煤层平均倾角为 8°，单翼采区布置，分 9 个区段采用分层采煤法开采，分层间回采巷道呈重叠式布置，工作面回采过程中，沿空巷道围岩变形量普遍大，矿压显现特征强烈，尤其是下分层工作面沿空巷道。以窄煤柱沿空巷道 5（8）$_2$ 工作面轨道平巷为例，其与 5（7）区段采空区相邻，区段煤柱宽度为 9 m，巷道原支护方式采用架棚被动支护，受多次采动影响，煤柱帮发生大变形且难以控制，巷道断面缩小严重，人员设备无法正常通行，煤柱帮变形特征如图 6-17 所示。

图 6-17　煤柱帮变形特征

从图 6-17 中可以看到，巷道煤柱帮曾出现大范围的大变形区域，煤柱帮向巷道内移近量达 1200 mm 以上，鼓帮过程中直接导致喷浆层破裂脱落，工字钢出现严重的弯曲变形，对煤柱帮扩帮后在工字钢后架设木板，并补打 $\phi 22$ mm×4000 mm 的短锚索。实践发现，锚索锚固力低，难以限制煤柱帮的持续变形，后续生产中通过不断的扩帮维持巷道断面，巷道底鼓也非常严重，累计底鼓量达 1500 mm 以上，回采过程中需要进行反复的起底作业。

为避免类似问题的再次发生，对 5（9）工作面留设煤柱宽度进行优化。图 6-18 为 5（9）工作面布置示意图，可以看到虽然上区段工作面并不存在起坡段，但因为 8 区段采空区下方煤体不再开采，所以具备错层位窄煤柱沿空巷道布置方式的特点，将煤柱宽度减小为 5 m，采空区下方煤体既能对窄煤柱起到侧限作用，又为应用锚索提供了环境，与梯形煤体的作用类似。由此也说明，现场施工中应根据地质条件做出相应的变化。

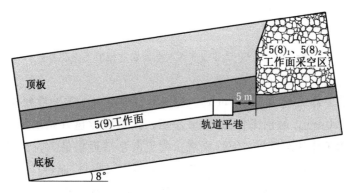

图 6-18 5（9）工作面布置示意图

5（9）工作面轨道平巷断面与锚杆索支护参数如图 6-19 所示。

巷道断面为矩形，净宽 3.8 m，净高 3.0 m。巷道顶板采用锚杆索支护，锚杆参数为 $\phi 22$ mm×2200 mm，间排距为 800 mm×900 mm，顶板锚索非对称布置，参数为 $\phi 21.8$ mm×6200 mm，每排布置 3 根锚索，排距为 1800 mm，两侧锚索距邻近巷帮 700 mm，中间锚索靠近煤柱一侧，与其他两根锚索的间距分别为 800 mm、1600 mm。实体煤帮采用锚杆支护，锚杆参数与间排距和顶板相同。煤柱帮采用锚杆索支护，锚杆布置于实体煤帮相同，锚索选用参数为 $\phi 21.8$ mm×8000 mm，布置两根，锚索间排距为 1200 mm×900 mm，考虑到上区段采空区越下方的煤体，完整性越好，所以为保证锚索更好的锚固效果，锚索布置时更靠近底板，下部锚索距底板 500 mm。为进一步提高巷道围岩表面的完整性与承载能力，对巷道表面进行喷浆加固，喷射 C20 混凝土层，厚度为 80 mm 左右。

5（9）工作面回采期间，对工作面围岩变形量进行监测，结果如图 6-20 所示。巷道应用效果如图 6-21 所示。从图 6-20 和图 6-21 中可以看到，错层位窄煤柱沿空巷道两帮移近量小于顶底板移近量，尤其是超前工作面 25 m 范围内，两帮移近增量明显小于顶底

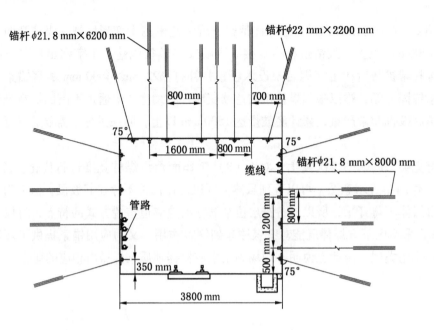

图 6-19 5 (9) 工作面轨道平巷断面与锚杆索支护参数

板移近增量。超前工作面 80 m 和 50 m 时，巷道围岩稳定，无大变形和片帮等问题，巷道两帮移近量低于 200 mm，超前工作面 18 m 左右，两帮移近量开始出现较为明显的增长，巷帮鼓出，但锚索工作状态良好。工作面端头附近两帮移近量最大，但也仅为 420 mm 左右。从现场图片中也可以发现，巷道顶板与两帮的喷浆层完整性较好，无明显的脱落、开裂现象，实践证明，煤柱的变形得到了有效控制，不再需要对煤柱帮进行扩帮，并且煤柱帮锚杆索能够充分发挥锚固性能，无脱锚现象。底鼓控制方面，超前工作面 25 m 位置至前方，顶底板移近量较小，仅为 200 mm 左右，现场无明显底鼓。工作面端头至工作面前

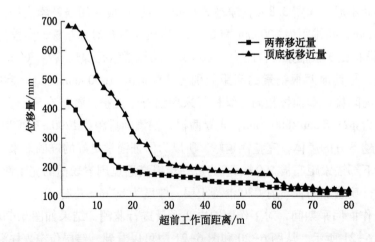

图 6-20 巷道围岩变形量

方 25 m 范围内，顶底板移近量显著增大，工作面端头附近顶底板移近量最大，接近 700 mm，主要以巷道底鼓为主，从图中可以看到，端头附近的单体支柱插入了底板中，深度约为 500 mm。对比 5（8）₂工作面轨道平巷底鼓特征，错层位窄煤柱沿空巷道底鼓量也有了明显的减小，但并不像两帮控制效果那样显著，虽不再需要反复起底，但工作面回采过程中为了推移设备，仍需提前进行一次起底工作。

(a) 超前工作面80 m

(b) 超前工作面50 m

(c) 超前工作面18 m

(d) 工作面端头

图 6-21　巷道应用效果

综上所述，错层位窄煤柱沿空巷道布置通过优化巷道位置，改善煤柱受力环境与支护环境，能够有效地解决煤柱大变形问题，在底鼓控制方面具有一定的效果。错层位窄煤柱沿空巷道布置更侧重于对沿空巷道煤柱大变形的控制，因此适用于沿空巷道底鼓较小而煤柱变形量非常大的特厚煤层。

6.4　错层位负煤柱沿空巷道应用案例

负煤柱沿空巷道布置因其在提高回采率及围岩卸压方面的突出特点，已得到较为广泛的应用，比如官地矿、白家庄矿、唐山矿、华丰矿、镇城底矿、斜沟矿等。选取深部开采的华丰矿与浅部开采的镇城底矿，对负煤柱沿空巷道在底鼓控制方面的作用进行说明。

6.4.1 应用案例一

华丰矿主采 4 煤，煤层平均厚度 6.2 m，平均倾角 32°，具有强冲击倾向性，目前开采深度已达到 1300 m，原岩应力场围压大，属于高应力矿井。该矿沿空巷道不仅具有广为熟知的冲击地压问题，而且在巷道的整个服务期间底鼓及大变形问题也尤为严重。1411 工作面倾向长度 140～160 m，走向长度 2190 m，采用一次采全厚放顶煤开采。1411 回风平巷与 1410 工作面采空区相邻，曾试验应用留设 5.0 m 窄煤柱的护巷方式，但矿压显现依然强烈，巷道底鼓、大变形及冲击地压问题突出。由于开采深度大，围岩水平应力高达 31.78 MPa，若巷道两帮垂直应力也非常大的话，巷道底鼓问题将难以控制。根据前文的分析可知，窄煤柱沿空巷道实体煤帮应力高度集中，解决的方案可以对实体煤帮进行卸压，将高应力向煤体深部转移，矿方也试验应用了钻孔卸压技术，但控制效果不佳，主要是因为钻孔受高地压影响闭合后失去卸压作用。分析 1411 回风平巷窄煤柱护巷段的底鼓特征，发现底板岩体在高垂直应力作用下发生非对称底鼓，并且最大底鼓位置偏向煤柱侧，这进一步验证了 1411 回风平巷底鼓的主要原因是受高地应力和实体煤帮支承压力集中作用导致的。

为解决实体煤帮高应力集中问题，提出了 1411 回风平巷改用负煤柱巷道布置方式，通过取消区段煤柱，将巷道布置于 1410 工作面采空区下方的梯形煤体中，如图 6-22 所示。

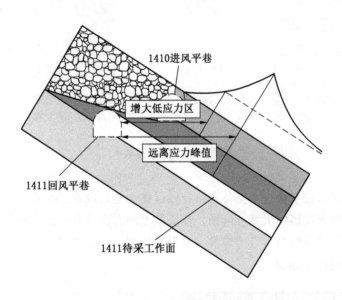

图 6-22　1411 回风平巷负煤柱布置示意图

从图 6-22 中可以看到，1411 回风平巷位于 1410 工作面采空区下方，处于低应力区，巷道实体煤帮低应力区宽度增大，与支承压力峰值距离增大，实现了高应力向煤体转移的效果，达到了实体煤帮应力集中程度降低的目的。

超前工作面 60 m 对沿空巷道围岩应力与变形量进行监测，使用圆图压力自计仪对超前支柱压力进行监测，采用十字观测法对围岩变形量进行观测，结果如图 6-23a 所示。本工作面回采过程中，顶板应力监测结果显示，顶板压力稳定在 1.4 MPa 左右，不受工作面采动影响，未表现出常规工作面先增大后减小的规律。受采动影响期间，顶底板移近量最大为 29 mm 左右，普遍在 25 mm 以下，且主要以顶板下沉为主，未见明显底鼓特征，同时两帮收敛量稳定在 20 mm 左右，巷道整体稳定性明显提高。图 6-23b 为服务期间应用效果实拍图，巷道几乎没有出现变形。实践证明，负煤柱沿空巷道在深部开采中能够有效控制底鼓问题，并且对两帮大变形量的控制也非常明显。

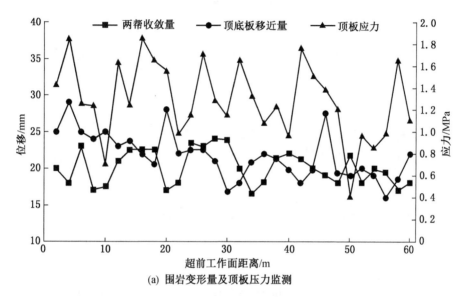

(a) 围岩变形量及顶板压力监测

(b) 负煤柱沿空巷道服务效果

图 6-23 1411 回风平巷应用效果

6.4.2 应用案例二

镇城底矿 8 号煤层平均厚度 5 m，整体呈单斜构造，倾角 6°~11°，平均 8°。该矿原工作面均使用常规巷道布置，区段煤柱留设 20 m，实践表明，留宽煤柱沿空巷道两帮相对较为稳定，但底鼓问题较突出。

本着既提高资源回收率，又控制沿空巷道底鼓的目的，在 18111 与 18111-1 工作面试验应用错层位开采。两个工作面长度均为 120 m，走向推进长度 680 m，18111 工作面进风平巷沿煤层底板布置，回风平巷沿煤层顶板布置，18111-1 工作面进风平巷采用负煤柱沿空巷道布置方式，保持卧底 0.2 m 掘进，巷道上方留煤皮，巷道左帮距离上工作面采空区边缘为 7 m，即 2 倍的巷道宽度，两个相邻工作面的位置关系如图 6-24 所示。

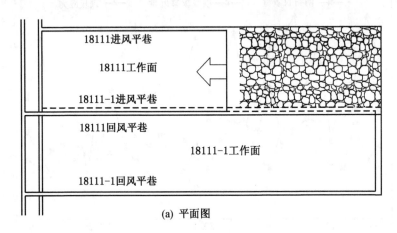

(a) 平面图

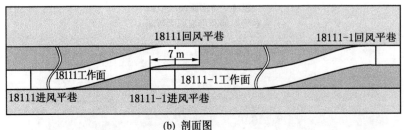

(b) 剖面图

图 6-24 工作面位置关系

为了更好地评价负煤柱沿空巷道的应用效果，对 18111-1 进风平巷的围岩应力及变形量进行监测，巷道顶板压力通过圆图压力记录仪监测，巷道右帮为实体煤，通过在煤体中布设浅孔（3 m）与深孔（6 m）应力计进行监测，巷道左帮煤体范围较小无法直接监测，其应力与顶板应力差别不大。巷道围岩变形量采用十字观测法进行监测。并且结合在 18111 面开采期间，对留 20 m 宽煤柱的沿空巷道（18111 进风平巷）和实体煤巷道（18111 回风平巷）的围岩变形量与顶板应力监测数据进行对比分析，监测结果如图 6-25 所示。

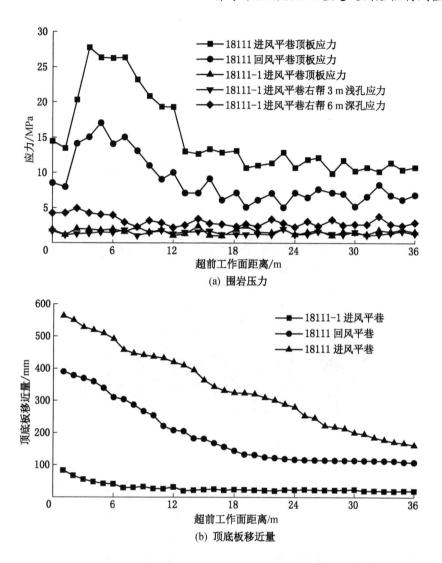

图 6-25 巷道围岩应力与顶底板移近量监测

从图 6-25a 中可以看到，留宽煤柱沿空巷道顶板应力值最大，超前工作面 12 m 时，顶板应力出现陡增的现象，说明此时受工作面采动影响最强烈。实体煤巷道顶板应力偏低，但仍然会受工作面采动和巷道掘进影响，超前工作面 11 m 时，也出现顶板应力明显增大的现象。负煤柱沿空巷道围岩应力均低于原岩应力，顶板应力值为 2 MPa 左右，巷道实体煤帮浅部应力值同样在 2 MPa 左右，说明沿空巷道位于梯形煤体中时，仅承担上覆垮落矸石的重量，实体煤帮深部应力相对较高，最大值为 5 MPa 左右，说明煤体深部其完整性与承载能力较好。

通过顶底板移近量对比发现，18111 进风平巷顶底板移近量最大，且以底鼓为主，而 18111-1 进风平巷顶底板移近量不仅小于 18111 工作面留宽煤柱沿空巷道，而且小于其实体煤巷道。18111 工作面两条巷道在工作面超前支承压力影响范围内，顶底板移近量明显增大，而 18111-1 进风平巷顶底板移近量无明显变化。据现场观测，18111-1 进风平巷顶底板移近量主要来源于顶板的轻微下沉，主要原因是巷道采用被动支护方式，无法对顶板施加较高的预应力，巷道顶板为假顶，在上覆垮落矸石重量影响下导致工字钢产生向下的位移，而底板稳定，未见底鼓现象，巷道应用效果如图 6-26 所示。

图 6-26　现场应用效果

　　综上分析可见，负煤柱巷道布置对防控沿空巷道非对称底鼓及大变形具有显著作用。然而，任何方法都有其一定的适用条件及不足，应客观地看待问题。负煤柱沿空巷道主要存在以下 3 个方面的不足：一是为实现相邻区段巷道错层布置，要求煤层厚度一般为 6 m 以上，以便负煤柱沿空巷道布置于梯形煤体中时上方留有一定厚度的煤皮，否则需要卧底掘进，尤其是对于高产的综放工作面来说，一般要求巷道断面较大，所以负煤柱沿空巷道更适合在特厚煤层中应用；二是负煤柱沿空巷道布置需要上工作面提前进行错层位布置，所以需要提前规划采区的工作面布置，并且仅适用于待掘巷道；三是负煤柱沿空巷道布置于梯形煤体中，巷道顶板和临采空区帮煤体厚度较小，一般不具备采用锚杆（索）支护的条件，需要采用被动支护方式，这在综放工作面中无疑会限制工作面的推进速度。因此，虽然负煤柱沿空巷道在控制沿空巷道围岩整体变形方面具有明显的优势，但是若沿空巷道底鼓或冲击地压问题并不十分突出的情况下，可以优先考虑采用错层位窄煤柱沿空巷道布置。

7　错层位窄煤柱双巷掘进与
联合支护探索研究

前面提出了错层位沿空巷道布控对策，其中错层位窄煤柱沿空巷道布置可以更好地发挥高预应力、高强度锚杆（索）的主动支护作用，对沿空巷道围岩控制起到一定的积极作用。然而，当前窄煤柱沿空掘巷技术还存在一个明显问题：为降低上一工作面对沿空巷道掘进时的动压影响，沿空巷道要在相邻工作面采空区覆岩运动稳定后才能开始掘进，这样就需要保持 6~8 个月的掘巷滞后期，容易给矿井带来采掘接替紧张的问题，而且随着当前矿井开采强度的日益提高，这一问题在越来越多的矿井变得日益严重，成为制约矿井高效开采的瓶颈。那么，能够实现窄煤柱双巷掘进且巷道围岩稳定控制的技术将会进一步推广沿空掘巷技术的应用。为此，本章在错层位窄煤柱沿空巷道布置的基础上，以窄煤柱双巷掘进为前提，对区段间相邻巷道联合支护技术展开研究。

7.1　错层位窄煤柱双巷掘进与联合支护技术

7.1.1　错层位窄煤柱双巷掘进与联合支护技术原理

区别于传统留宽煤柱（20~30 m）的双巷掘进巷道布置以及当前沿空掘巷巷道布置方式，错层位窄煤柱双巷掘进巷道布置方式具有其独特的技术特点，如图 7-1 所示。在第一工作面下部轨道平巷掘进过程中，滞后其一定安全距离 L，平行掘进第二工作面的运输平巷，两工作面平巷之间留设一定宽度的窄煤柱。错层位窄煤柱双巷掘进巷道布置方式，将传统双巷掘进与错层位窄煤柱沿空巷道布置方式相结合，双巷掘进能够解决采掘接替紧张问题，而错层位窄煤柱沿空巷道不仅能提高了煤炭采出率，减少了资源损失，而且梯形煤体的侧限作用能起到强化煤柱的作用。在该种巷道布置方式下，沿空巷道围岩在高静载、强动压应力的作用下如何保证其稳定是该技术需要解决的关键难题，前文已分析了窄煤柱的控制策略，仍适用于错层位窄煤柱双巷掘进，所以本章主要集中研究沿空巷道顶板与窄煤柱上半部分的支护技术。

在空间形式上，错层位巷道布置改变了传统厚煤层采煤方法两巷布置在煤层同一层位的方法，其区段间相邻巷道具有"一高、一低、水平错距"的立体化空间关系，根据错层位相邻巷道布置所具有的立体化布置形式，提出错层位窄煤柱双巷掘进联合支护如图 7-2 所示。三重承载结构示意图如图 7-3 所示。

分析图 7-2、图 7-3 所示相邻巷道的联合支护技术特点：

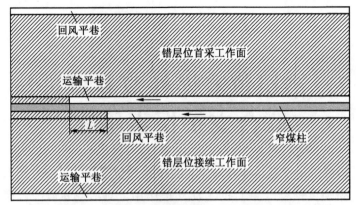

(a) 平面图

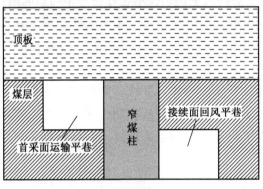

(b) 剖面图

图 7-1 错层位双巷掘进巷道布置方式

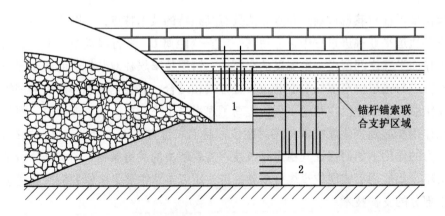

图 7-2 错层位窄煤柱双巷掘进联合支护

（1）巷道 1 沿煤层顶板布置，顶板锚杆、锚索直接打入煤层直接顶与基本顶内，可充分发挥锚杆、锚索的悬吊作用；

（2）区段间相邻巷道支护构件控制范围"重叠"，在单巷支护密度不变的情况下，相

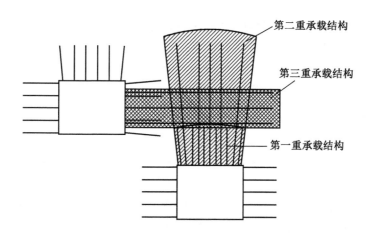

图 7-3   三重承载结构示意图

当于增加了联合锚固区内的支护密度，形成联合锚固区，并且锚固方向交叉，该区域煤体的内聚力 c、内摩擦角 φ、抗压强度 σ 与抗剪强度 τ 增强，同时联合锚固区内围岩体残余强度得到了极大的提高；

　　（3）如图 7-3 所示，在下区段沿底巷道顶板区域形成了"三重承载结构"：第一重承载结构即图中下区段顶板锚杆锚固区，能够保证下区段巷道浅部围岩的稳定；第二重承载结构如图中所示的下区段顶板锚索锚固区，在巷道围岩深处形成新的锚固区域，同时将锚杆形成的稳定锚固区悬吊于深部更加稳定的岩体内，以上两项承载结构在纵向上对巷道围岩进行锚固；第三重承载结构通过横向交叉，通过在上区段巷道侧帮安设锚索的方式，将下区段巷道已有的锚杆锚固区和锚索锚固区之间的薄弱锚固区域加强支护，不仅增强了锚索锚固区域和锚杆锚固区域的联系，而且能够改善下区段沿底巷道顶煤的受力状态，从而提高下区段沿底巷道顶煤的物理力学性质；三重承载结构实现了下区段巷道顶部围岩纵横交叉锚固，提高了联合锚固区内围岩的承载能力，为沿底板巷道 2 顶板提供较强的锚固力，有利于实现厚煤层沿底巷道顶板支护构件的悬吊作用。

　　利用错层位区段间相邻巷道具有的"一高、一低、水平错距"的立体化空间关系和锚杆——锚索主动支护技术，可发挥各种地质与回采技术条件下巷道主动支护的悬吊作用，可以拓展具有简单、经济特点悬吊理论的适用范围，有利于近水平厚煤层下区段沿底巷道的顶板支护。因此，本小节针对区段间相邻巷道联合支护技术——锚杆作用机理展开研究。

7.1.2   锚杆参数对锚固体力学性质影响分析

　　本节主要研究上区段沿顶巷道侧帮锚杆支护参数对锚固体力学性质的影响。采用控制变量法，与锚杆相关的参数主要有锚杆间排距、锚杆预紧力、锚杆长度、锚杆直径。具体试验参数见表 7-1。

表7-1 锚固体力学试验参数

参数	数 值				
间排距/m	0.6	0.8	1.0	1.2	1.4
预紧力/kN	40	60	80	100	120
长度/m	2.2	2.4	2.6	2.8	3.0
直径/mm	16	18	20	22	24

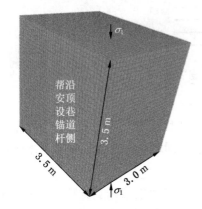

图7-4 锚杆对锚固体力学
性质影响的计算模型

在FLAC3D数值模拟试验中，锚杆采用FLAC3D内置单元体cable进行模拟，锚杆力学参数与现场一致。锚杆对锚固体力学性质影响的数值模拟计算模型如图7-4所示。

7.1.2.1 试验体原始参数测试结果

本试验以新巨龙煤矿一采区煤岩体为研究对象，并对参数做一般化调整，研究锚杆支护参数对锚固体力学性质的影响，因此需要对一采区煤岩体进行力学参数的数值模拟计算，其原型力学参数见表7-2。

表7-2 新巨龙煤矿一采区3#煤层岩石力学参数

单轴抗压强度/MPa	单轴抗拉强度/MPa	弹性模量/GPa	泊松比	内聚力/MPa	内摩擦角/(°)
10.40	0.51	26.28	0.29	3.1	28.5

确定模型尺寸：长×宽×高为3.5 m×3.0 m×3.5 m，共生成36750个单元体，40176个节点。在计算机数值模拟过程中，分别对试件分别进行单轴压缩、1 MPa围压与2 MPa围压3种力学试验，如图7-5a所示，得到相应的莫尔-库仑应力包络线，如图7-5b所示。

通过计算得到煤岩体原始弹性模量为26.2 GPa，单轴抗压强度10.35 MPa，内摩擦角28.46°，内聚力3.08 MPa，与所赋煤岩体力学参数近似相等，验证了数值模拟计算模型及表7-2中所选取的数值模拟计算参数的可靠性。

7.1.2.2 锚杆间排距对锚固体力学性质影响分析

依据表7-1的锚杆间排距参数设计试验，其余变量控制为：预紧力40 kN，锚杆直径16 mm，锚杆长度2.2 m。

对各试验模型按如下试验步骤操作：首先进行单轴抗压强度的测试；之后在1 MPa、2 MPa围压情况下进行伪三轴抗压强度的试验，进而计算出不同锚杆间距作用下锚固体的内聚力和内摩擦角；通过以上数据计算出锚固体抗剪强度；将试验结果汇总，得出锚杆间排

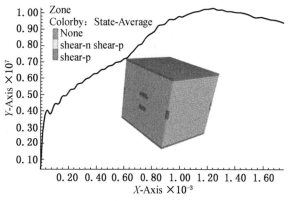

(a) 单轴压缩试验计算模型

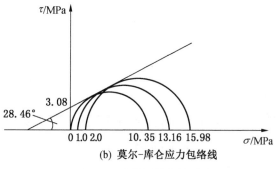

(b) 莫尔-库仑应力包络线

图 7-5 试件原始参数测试

距对锚固体单轴抗压强度、内聚力、内摩擦角以及抗剪强度的影响曲线，试验结果如图 7-6 所示。

如图 7-6a 所示，当锚固体内安设的锚杆间排距为 0.6~1.4 m 时，随锚杆密度增加，单轴抗压强度呈递增趋势，其中 0.6 m 间距较 1.4 m 间距单轴抗压强度增加 0.43 MPa，较无支护增加 0.54 MPa。另外，从曲线中发现锚杆间距由 0.8 m 到 1.2 m 变化时，曲线曲率最大，随着锚杆间排距的逐渐减小，锚固体单轴抗压强度的增长速度逐渐减缓。

如图 7-6b 所示，不同锚杆间排距对锚固体内摩擦角的影响呈递增趋势，锚杆间排距为 0.6 m 较 1.4 m 时，内摩擦角增加 1.4°，较无支护试件增加 1.83°；间排距由 0.8 m 到 1.2 m 变化时，曲线曲率较大，随着锚杆间距的逐渐减小，锚固体内摩擦角的增长速度减缓。

如图 7-6c 所示，随锚杆密度增加，锚固体内聚力呈递增趋势，但增幅不明显，间排距由 0.8 m 到 1.2 m 变化时，曲线曲率较大。

如图 7-6d 所示，随锚杆密度增加，锚固体抗剪强度呈递增趋势，其中间排距 0.6 m 较间排距 1.4 m 抗剪强度增加 0.65 MPa，较无支护增加 0.82 MPa。另外，从曲线中发现锚杆间排距由 0.8 m 到 1.2 m 曲率最大，随着锚杆间距的逐渐减小，锚固体抗剪强度的增长速度减缓。

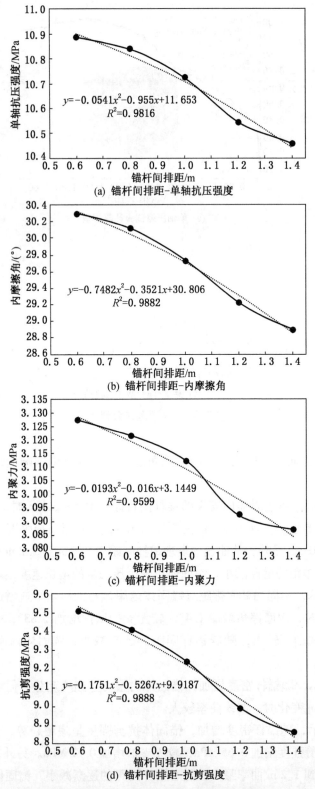

图7-6 锚杆间排距对锚固体力学性质影响曲线

综合分析图7-6，锚杆间排距对单轴抗压强度 σ、内摩擦角 φ、内聚力 c 与抗剪强度 τ 的影响均随密度增加而增大，以0.8 m、1.2 m为拐点，即在0.8~1.2 m之间增幅最大。当锚杆间排距小于0.8 m后，锚杆间排距对锚固体力学性质的影响降低，因此在后续研究中，控制锚杆间排距为0.8 m。

7.1.2.3 锚杆预紧力对锚固体力学性质影响分析

依据表7-1所设计的试验方案：锚杆预紧力设计为40 kN、60 kN、80 kN、100 kN、120 kN，锚杆间排距取0.8 m，其余变量锚杆直径为16 mm，锚杆长度为2.2 m。按前述试验步骤进行不同锚杆预紧力对锚固体力学性质影响研究，试验结果如图7-7所示。

如图7-7a所示，当锚固体内安设的锚杆预紧力从40 kN增加至120 kN时，单轴抗压强度呈递增趋势，120 kN预紧力较40 kN预紧力单轴抗压强度增加0.49 MPa，较原始无支护时增加0.98 MPa，但是当锚杆预紧力达到80 kN后单轴抗压强度的增速减缓。

如图7-7b所示，不同锚杆预紧力对锚固体内摩擦角的影响较显著，120 kN预紧力较40 kN预紧力增加0.82°，较原始增加2.47°，锚杆预紧力达到80 kN后内摩擦角的增速减缓。

如图7-7c所示，不同锚杆预紧力对锚固体内聚力的影响并不明显，当锚杆预紧力为120 kN时，锚固体试件的内聚力增量最大，较40 kN预紧力时增加0.09 MPa，较原始增加0.131 MPa，锚杆预紧力达到80 kN后内聚力的增速减缓。

如图7-7d所示，随锚杆预紧力增加，锚固体抗剪强度呈递增趋势，其中120 kN预紧力较40 kN预紧力时抗剪强度增加0.6 MPa，较无支护增加1.36 MPa。另外，当锚杆预紧力达到80 kN后抗剪强度的增速减缓。

综合分析图7-7，随着锚杆预紧力增大，单轴抗压强度 σ、内摩擦角 φ、内聚力 c 与抗剪强度 τ 也呈递增趋势，根据锚杆预紧力对锚固体不同力学参数的影响情况，确定在后续研究中，控制锚杆预紧力取80 kN。

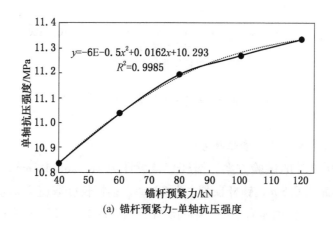

(a) 锚杆预紧力-单轴抗压强度

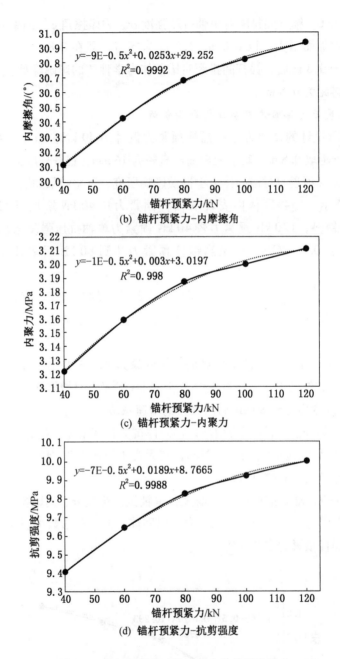

$y=-9E-0.5x^2+0.0253x+29.252$
$R^2=0.9992$

(b) 锚杆预紧力-内摩擦角

$y=-1E-0.5x^2+0.003x+3.0197$
$R^2=0.998$

(c) 锚杆预紧力-内聚力

$y=-7E-0.5x^2+0.0189x+8.7665$
$R^2=0.9988$

(d) 锚杆预紧力-抗剪强度

图7-7 锚杆预紧力对锚固体力学性质的影响

7.1.2.4 锚杆直径对锚固体力学性质影响分析

依据表7-1所设计的试验方案，锚杆直径设计为16 mm、18 mm、20 mm、22 mm、24 mm。锚杆间排距为0.8 m，锚杆预紧力为80 kN，锚杆长度取值2.2 m，按前述试验步骤进行不同锚杆直径对锚固体力学性质影响研究，试验结果如图7-8所示。

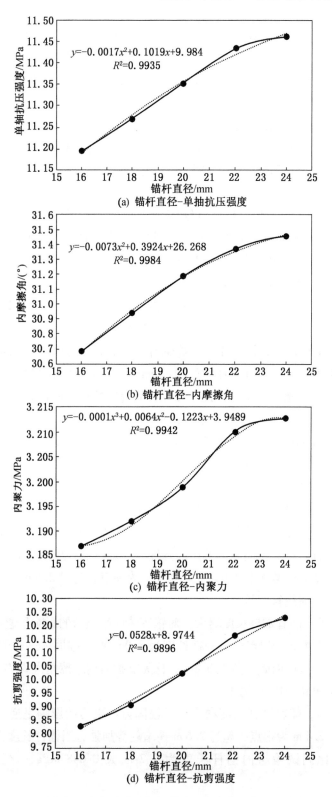

$y=-0.0017x^2+0.1019x+9.984$
$R^2=0.9935$

(a) 锚杆直径-单抽抗压强度

$y=-0.0073x^2+0.3924x+26.268$
$R^2=0.9984$

(b) 锚杆直径-内摩擦角

$y=-0.0001x^3+0.0064x^2-0.1223x+3.9489$
$R^2=0.9942$

(c) 锚杆直径-内聚力

$y=0.0528x+8.9744$
$R^2=0.9896$

(d) 锚杆直径-抗剪强度

图7-8　锚杆直径对锚固体力学性质的影响

如图7-8a所示，当锚固体内安设的锚杆直径从16 mm增至22 mm时，单轴抗压强度呈现出递增的趋势，锚杆直径为24 mm时，锚固体单轴抗压强度比无支护时提高最大，为1.1 MPa；在其他变量控制不变的情况下，锚杆直径对单轴抗压强度影响的最大差值为0.27 MPa，锚杆直径增加到22 mm后，单轴抗压强度增幅趋于平缓。

如图7-8b所示，不同锚杆直径对锚固体内摩擦角的影响较为显著，当锚杆直径为24 mm时，锚固体试件的内摩擦角比同试验组内锚杆直径为16 mm的内摩擦角大0.78°。锚杆直径从18 mm增加到22 mm时，内摩擦角变化最大，锚杆直径增加到22 mm后，增幅趋于平缓。

如图7-8c所示，不同锚杆直径对锚固体内聚力的影响并不明显，当锚杆直径为24 mm时，锚固体试件的内聚力比同试验组内锚杆直径为16 mm的大0.026 MPa，比无支护时内聚力大0.13 MPa。锚杆直径从18 mm增加到22 mm时，内聚力增量最大，锚杆直径增加到22 mm后，增幅趋于平缓。

如图7-8d所示，随锚杆直径增加，锚固体抗剪强度呈递增趋势，其中24 mm直径较16 mm直径时抗剪强度增加0.4 MPa，较无支护增加1.54 MPa。锚杆直径从18 mm增加到22 mm时，抗剪强度增量最大，锚杆直径增加到22 mm后，增幅趋于平缓。

综合分析图7-8认为，锚杆直径增加到22 mm时，锚固体各力学参数增幅最大，但当锚杆直径超过22 mm后增幅变缓；因此，在后续研究中控制锚杆直径为22 mm。

7.1.2.5 锚杆长度对锚固体力学性质影响分析

依据表7-1设计锚杆长度分别为2.2 m、2.4 m、2.6 m、2.8 m、3.0 m，锚杆间排距0.8 m，锚杆预紧力80 kN，锚杆直径22 mm，按前述试验步骤进行不同锚杆长度对锚固体力学性质影响研究，试验结果如图7-9所示。

如图7-9a所示，当锚固体内安设的锚杆长度为2.2 m到3.0 m时，单轴抗压强度呈现出递增趋势，锚杆长度3 m比锚杆长度2.2 m时增加0.34 MPa，比无支护原始值增加1.42 MPa，认为锚杆长度对锚固体单轴压缩强度有一定影响。从拟合的函数关系式中可以看出，锚杆长度从2.2 m增加至2.6 m时，2.4 m为拐点；超过2.6 m后，曲线斜率增加，当锚杆长度为3 m时曲线斜率最大。

如图7-9b所示，随着锚杆长度增大，对锚固体内摩擦角的影响呈递增趋势，从2.2 m增加至2.6 m时，2.4 m为拐点；当锚杆长度为3.0 m时，锚固体试件的内摩擦角比同试验组内锚杆长度为2.2 m内摩擦角大0.86°，比无支护时内摩擦角大3.77°。当锚杆长度大于2.6 m后，内摩擦角的增速增加。

如图7-9c所示，随着锚杆长度增大，对锚固体内聚力的影响呈递增趋势，从2.2 m增加至2.6 m时，2.4 m为拐点；超过2.6 m递增趋势加强，当锚杆长度为3.0 m时，锚固体试件的内聚力比同试验组内锚杆长度为2.2 m大0.048 MPa，比无支护时内聚力大0.168 MPa。

如图7-9d所示，锚杆长度增加，锚固体抗剪强度呈递增趋势，从2.2 m增加至2.6 m

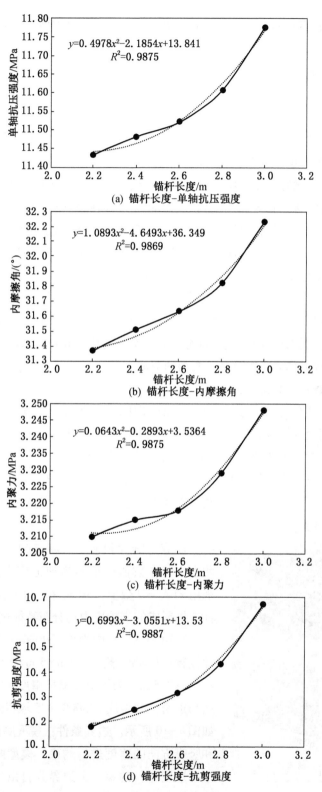

图7-9 锚杆长度对锚固体力学性质的影响

时，2.4 m 为拐点；其中锚杆长度 3.0 m 较锚杆长度 2.2 m 时抗剪强度增加 0.49 MPa，较无支护增加 1.98 MPa。另外，从曲线中发现，随着锚杆长度大于 2.6 m 以后，锚固体抗剪强度的增速逐渐增加。

综合分析图 7-9 认为，锚杆长度与各参数均保持正相关，锚杆长度在 2.2~2.6 m 变化时，锚杆长度 2.4 m 为拐点；从 2.6 m 到 3 m，锚固体各力学参数增长趋势明显。因此，为了得到较为理想的支护效果，确定锚杆长度取值为 3 m。

7.1.2.6 沿顶巷道侧帮锚杆支护参数组合

根据前述内容，确定对锚固体力学性质影响较为明显的沿顶巷道实体煤侧锚杆支护参数合理取值：锚杆间排距 0.8 m，锚杆预紧力 80 kN，锚杆直径 22 mm，锚杆长度 3 m。该支护方案下锚固体力学性质：单轴抗压强度 11.78 MPa，较无支护时增加 1.42 MPa；抗剪强度 10.67 MPa，较无支护时增加 1.98 MPa；内摩擦角 32.2°，较无支护时提高 3.77°；内聚力 3.24 MPa，较无支护时提升 0.168 MPa。

综合分析各锚杆支护参数对锚固体力学性质的影响：锚杆间排距影响最大，其次是锚杆预紧力以及锚杆长度，锚杆直径对锚固体各项力学性质的影响较小。由此认为，在生产实际中，设计锚杆支护方案时，应重点考虑的是锚杆间排距和预紧力。

7.1.3 锚杆支护应力场分布以及悬吊机制的形成

7.1.3.1 侧帮锚杆对围岩受力状态的影响

锚杆的作用机理分为两个方面，第一，对锚固体力学性质的影响；第二，对围岩受力状态的改变，使围岩受力状态朝着利于稳定的方向发展。因此本小节主要研究上区段沿顶巷道侧帮锚杆支护对沿顶巷道实体煤侧围岩受力状态的影响。

康红普院士对支护应力场、原岩应力场和采动应力场相互作用关系进行了分析，认为在研究巷道围岩支护时 3 种应力场相互作用，由于原岩应力场和采动应力场在数量级上比支护单元体形成的支护应力场大很多，会将支护应力场"覆盖"，因此本小节在数值模拟不施加地应力及重力的条件下，采用 FLAC3D 数值模拟软件，对沿顶巷道实体煤侧锚杆支护形成的支护应力场分布特征进行分析。

采用 FLAC3D 中内置 Extrusion 进行建模，模型尺寸设置：长×宽×高为 50 m×5 m×50 m，巷道宽×高为 4.5 m×3.5 m，为了提高模拟精度，将巷道周围的网格适当加密，共生成 295000 个区域以及 314874 个节点，如图 7-10 所示。边界条件：模型底部边界对节点水平和竖直方向的速度进行约束，模型两侧边界对节点的水平速度进行约束，上边界为自由边界。模型共建立了 5 个不同性质的岩层，煤及顶底板岩层参数取值详

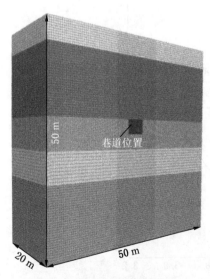

图 7-10 锚杆对围岩受力状态影响计算模型

见表7-3，模型采用莫尔-库仑破坏准则进行计算。

表7-3　各岩层力学参数

序号	岩层	体积模量/GPa	剪切模量/GPa	密度/(kg·m⁻³)	内摩擦角/(°)	内聚力/MPa	抗拉强度/GPa
1	细砂岩	15.80	11.30	2700	42	5.50	2.40
2	粉砂岩	8.40	5.90	2350	39	2.60	1.20
3	煤	11.90	7.10	1400	29	1.35	0.68
4	粉砂岩	8.40	5.90	2350	39	2.60	1.20
5	细砂岩	15.80	11.30	2700	42	5.50	2.40

按前述确定的对围岩力学性质影响较为明显的沿顶巷道实体煤侧锚杆支护参数：锚杆间排距0.8 m，锚杆预紧力80 kN，锚杆直径22 mm，锚杆长度3 m，对沿顶巷道侧帮进行支护，计算结果如图7-11、图7-12所示。

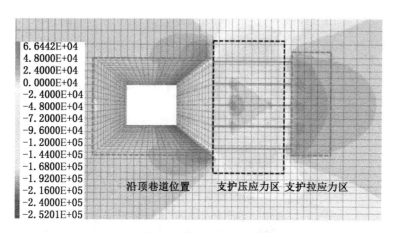

图7-11　沿顶巷道侧帮锚杆水平应力云图

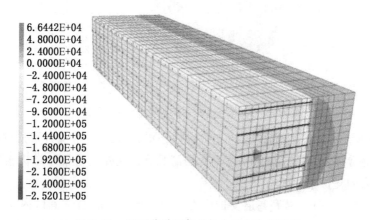

图7-12　沿顶巷道侧帮锚杆水平应力侧视图

观察图 7-11 沿顶巷道侧帮锚杆水平应力云图，发现由于沿顶巷道侧帮锚杆的支护作用，沿顶巷道实体煤侧附近围岩得到明显控制，从巷道侧帮由近及远分别形成支护压应力区和支护拉应力区；支护压应力区内压应力大小为 0.096 MPa 左右，最大压应力可达 0.19 MPa。锚杆端部同样会出现明显的应力集中，最大拉应力达到 0.067 MPa 左右。将沿顶巷道实体煤侧锚杆控制范围内的围岩"抽离"，得到如图 7-12 所示的侧视图，受侧帮锚杆形成的支护应力场的影响，锚固体形成了受力均匀的似"梁"结构体，在下区段沿底巷道顶板形成了"悬吊体"，为近水平厚煤层下区段沿底巷道的顶板支护提供了条件，可以为下区段沿底巷道顶板支护构件提供较强的锚固力和较为稳定的围岩环境，证明"悬吊梁"理论可满足近水平厚煤层沿底巷道顶板锚杆锚索支护参数设计要求。

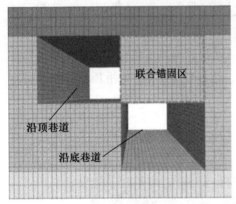

图 7-13 沿底巷道支护构件悬吊机制计算模型

7.1.3.2 沿底巷道支护构件悬吊机制的形成

为了验证下区段沿底巷道支护构件悬吊机制的形成，进行简单试验。在图 7-10 中沿煤层底板布置巷道，试验模型如图 7-13 所示。

下区段沿底巷道的支护构件为锚杆支护，锚杆支护参数与沿顶巷道侧帮锚杆参数相同，沿底巷道锚杆与沿顶巷道锚杆在沿巷道走向方向上错开 0.4 m 布置，支护结构和计算结果如图 7-14、图 7-15 所示。

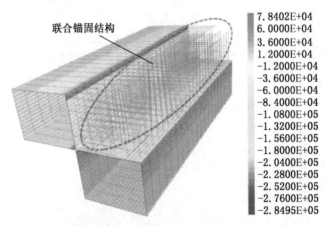

图 7-14 沿底巷道悬吊机制支护结构侧视图

如图 7-14 所示，沿底巷道顶板的支护构件与沿顶巷道侧帮锚杆形成联合锚固结构，从图中可以明显看出，在单巷支护密度不变的情况下，这种"骨架"结构相当于增加了联合锚固区内围岩的支护密度。

如图 7-15 所示，分析沿底巷道支护应力场分布特征。联合锚固区内支护应力场的压应力明显增大，支护应力场分布范围更加均匀。沿底巷道顶板锚杆支护范围内形成了压应

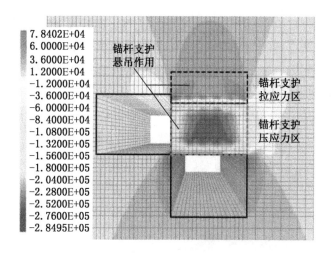

图 7-15　沿底巷道悬吊机制垂直应力云图

力大小为 0.204~0.252 MPa 的压应力区，在锚杆端部形成了 0.078 MPa 左右的支护拉应力区，可以将沿底巷道浅部围岩悬吊在上部较稳固的岩层中，有利于发挥沿底巷道顶板锚杆的悬吊作用。

　　分析认为，由于沿顶巷道侧帮锚杆的锚固作用，更有利于沿底巷道顶板锚杆悬吊作用的实现，联合锚固区可以为沿底巷道顶板提供较强的锚固力，使厚煤层沿底巷道的顶板维护更为有利。

7.2　区段间相邻双巷联合支护研究

7.2.1　锚索支护参数对支护应力场分布影响分析

　　本小节主要研究沿顶巷道侧帮锚索不同支护参数与前述确定的对围岩力学性质影响较为明显的沿顶巷道实体煤侧锚杆支护参数"联合"作用下，对锚杆-锚索联合支护应力场分布的影响。因此，需要采用控制变量法，与锚索相关的参数主要有锚索长度、锚索间距、锚索预紧力。侧向煤体支护应力场计算参数见表 7-4。

表 7-4　侧向煤体支护应力场计算参数

参数	数　值			
长度/m	6	8	10	12
间排距/m	1.4	1.2	1.0	0.8
预紧力/kN	150	200	250	300

7.2.1.1　模型的建立

　　为较好地研究锚杆—锚索联合支护后产生的支护应力场，在不考虑原岩应力场的条件下，模拟分析不同锚索支护参数与前述确定的对围岩力学性质影响较为明显的沿顶巷道实体煤侧锚杆支护参数"联合"作用下，对支护应力场分布特征变化的影响，以揭示锚索支护参数的支护效应，为合理的侧帮锚索支护参数设计提供依据。模型中锚杆、锚索采用内置单元体 cable 进行模拟，锚杆、锚索的力学参数与现场一致；沿顶巷道侧帮锚索与锚杆在走向上交错布置，如图7-16所示。

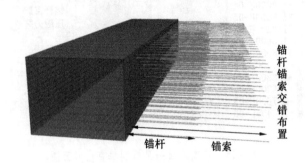

图7-16　支护结构示意图

7.2.1.2　锚索长度对支护应力场分布的影响

按前述锚杆支护参数取值对沿顶巷道侧帮进行支护，锚索长度依据表7-4所设计的参数取值，其余变量均控制为：预紧力150 kN，锚索间距1.4 m。不同锚索长度支护应力场水平应力云图如图7-17所示。

图7-17为侧帮锚索长度的支护作用效果图。观察图7-17，发现从沿顶巷道右帮实体煤侧依次出现：锚杆—锚索支护压应力区、锚索支护压应力区和锚索支护拉应力区。在锚杆—锚索支护压应力区内由于沿顶巷道侧帮锚杆—锚索的联合支护作用，形成了0.25 MPa左右的压应力区；在锚索压应力区内由于仅存在锚索的支护作用，仅形成了0.15 MPa左右的压应力区；在锚索锚固起始段出现了应力集中区域，形成的拉应力大小在0.07 MPa左右。

通过对图7-17a~图7-17d的对比分析发现，随着侧帮锚索长度的增加，侧帮锚索的影响范围逐步扩大。但是，随着侧帮锚索长度的增加，锚索支护压应力区域内的应力值逐渐减小。当锚索长度达到10 m以后，锚索支护压应力区的应力值明显降低，仅为0.08 MPa左右。

通过本小节的数值模拟试验说明：增加锚索长度可以明显提高支护范围，但是在预紧力相同的情况下随着锚索长度的增加，侧帮锚索的预应力作用呈减弱趋势，故侧帮锚索的预紧力大小应随锚索长度的增加而提高。分析认为，侧帮锚索长度不宜过短或过长，应与下区段沿底巷道的位置相关联，以能完全控制沿底巷道顶煤为宜。本小节选取锚索长度8 m作为以下研究基础。

7.2.1.3　锚索间距对支护应力场分布的影响

依据表7-4所设计的试验方案，锚索间距设计为1.4 m、1.2 m、1.0 m、0.8 m，其余

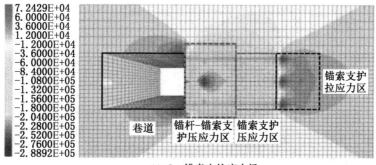

(a) 6 m锚索支护应力场

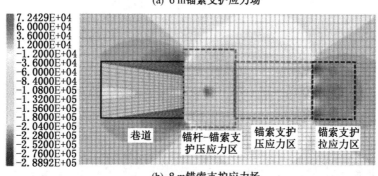

(b) 8 m锚索支护应力场

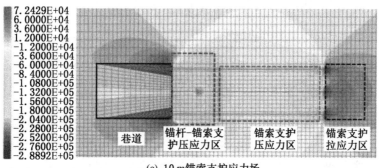

(c) 10 m锚索支护应力场

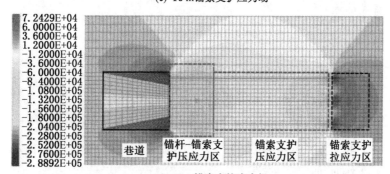

(d) 12 m锚索支护应力场

图 7-17　不同锚索长度支护应力场水平应力云图

变量相同：锚索长度取 8 m，预紧力为 150 kN。锚索间距对支护应力场的影响试验结果如图 7-18 所示。

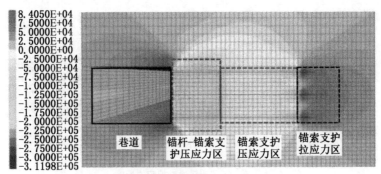

(a) 1.2 m锚索间距支护应力场

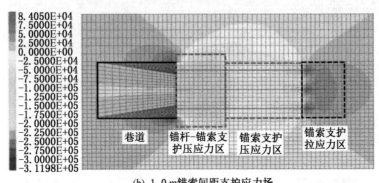

(b) 1.0 m锚索间距支护应力场

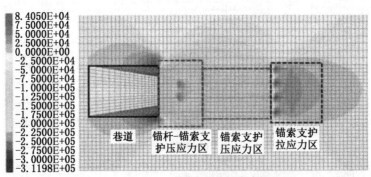

(c) 0.8 m锚索间距支护应力场

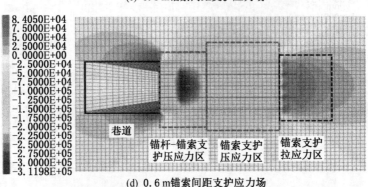

(d) 0.6 m锚索间距支护应力场

图7-18 锚索间距对支护应力场的影响

图 7-18 体现了侧帮锚索不同间距的支护作用效果。观察图 7-18a～图 7-18d 中的水平应力云图，发现随着锚索间距的减小，支护应力场内的应力值逐步增大，从锚索间距为 1.4 m 时：锚杆—锚索支护压应力区的 0.175 MPa 和锚索支护压应力区的 0.075 MPa 增加到锚索间距为 0.8 m 时：锚杆—锚索支护压应力区的 0.28 MPa 和锚索支护压应力区的 0.175 MPa，证明减小锚索间排距有利于提高锚索对侧向煤体的控制作用。同时，当锚索间排距减小到 1.0 m 时，锚索压应力区与锚杆—锚索支护压应力区"贯通"，锚杆—锚索形成的支护应力场相互叠加，对侧向煤体的控制作用更加明显，因此后续研究控制锚索间距为 1.0 m。

7.2.1.4　锚索预紧力对支护应力场分布的影响

依据表 7-4 所设计的试验方案，锚索预紧力设计为 150 kN、200 kN、250 kN、300 kN，其余变量相同：锚索长度取 8 m，锚索间排距为 1.0 m。锚索预紧力对支护应力场的影响试验结果如图 7-19 所示。

图 7-19 体现了侧帮锚索预紧力对侧向煤体的支护作用效果。观察图 7-19，侧帮锚索相互作用形成支护压应力场，但是由于预紧力较小，仅在锚索尾部和锚索锚固起始端形成了 0.15 MPa 左右的支护压应力场。

通过对图 7-19a～图 7-19d 的对比分析发现，在控制其他变量不变的情况下，随着侧帮锚索预紧力的增加，侧帮锚索在侧向煤体内形成的支护压应力区面积逐渐增大。当施加 250 kN 预紧力时，锚索压应力区与锚杆—锚索支护压应力区"贯通"，锚索支护压应力区内应力值约为 0.245 MPa，锚杆—锚索支护压应力区数值及范围较大，可充分发挥侧帮锚杆-锚索对侧向煤体的联合支护作用。

通过对上区段回风巷侧帮锚索施加预紧力大小设计数值模拟试验并分析数值模拟效果，发现当侧帮锚索施加的预紧力达到 250 kN 时，可以对下区段进风巷上部顶煤起到良好的控制作用。

7.2.2　锚杆—锚索联合支护对锚固体力学性质的影响

前面分别研究了沿顶巷道侧帮锚索长度、间排距、预紧力对锚杆—锚索支护应力场的影响，并确定对锚杆—锚索联合支护应力场影响较为明显的侧帮锚索支护参数的合理取值：锚索长度 8 m，锚索间距 1.0 m，锚杆预紧力 250 kN。该支护方案下锚索与锚杆支护参数"配合"效果明显，可以在锚杆—锚索支护压应力区形成 0.3 MPa 左右的支护压应力场，在锚索压应力区形成 0.245 MPa 左右的支护压应力场，侧帮锚杆—锚索支护应力场的影响区域可达 12 m，如图 7-20 所示。

由于侧帮锚杆—锚索的联合支护作用使侧向煤体的受力状态发生改变，在巷道开挖后沿顶巷道侧帮锚杆—锚索形成的联合支护应力场可以对侧向煤体施加一定的压应力，以消除侧向煤体因巷道开挖卸载造成的拉剪应力，使侧向煤体的受力状态朝着利于稳定的方向发展，有利于改善侧向煤体的力学性质，对回采巷道的围岩控制作用更加明显。通过三轴数值模拟试验研究沿顶巷道侧帮锚杆—锚索联合支护应力场对锚固体力学性质的影响。确

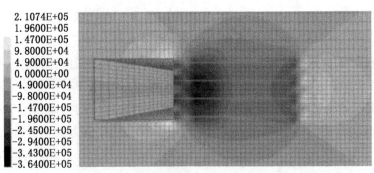

(a) 锚索预紧力150 kN支护应力场

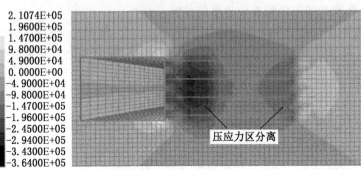

(b) 锚索预紧力200 kN支护应力场

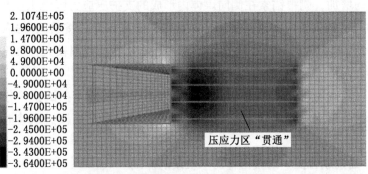

(c) 锚索预紧力250 kN支护应力场

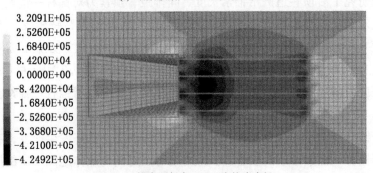

(d) 锚索预紧力300 kN支护应力场

图7-19　锚索预紧力对支护应力场的影响

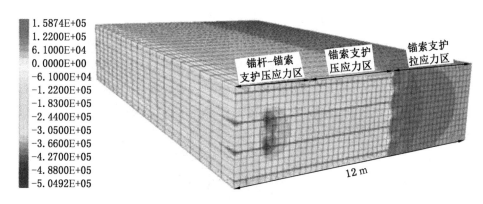

图 7-20 锚杆—锚索联合支护应力场水平云图

定模型尺寸为 8.0 m×3.2 m×3.5 m（长×宽×高），计算模型的所有网格共划分 89600 个单元体，96228 个节点。

在计算机数值模拟过程中，对试件分别进行单轴压缩、1 MPa 围压与 2 MPa 围压 3 种力学试验，如图 7-21a 所示，得到相应的莫尔-库仑应力包络线，如图 7-21b 所示。

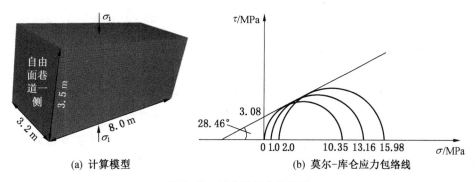

(a) 计算模型   (b) 莫尔-库仑应力包络线

图 7-21 试件原始参数测试

通过计算得到锚固区原始弹性模量为 26.2 GPa，单轴抗压强度 10.35 MPa，内摩擦角 28.46°，内聚力 3.08 MPa；与所赋煤岩体力学参数基本一致，验证了数值模拟模型以及所选的数值计算参数的可靠性。

在试件中按设计支护方案安设锚杆和锚索，并进行数值模拟运算，使锚杆-锚索形成的支护应力场控制整个试件，之后重复之前试验步骤，得到相应的莫尔-库仑应力包络线，锚固体参数测试如图 7-22 所示。

由于沿顶巷道侧帮锚杆—锚索联合支护作用的影响，改变了锚固体的受力状态，锚杆—锚索支护应力场的存在相当于增加了锚固体的围压，故锚固体的力学性质得到提高。经三轴试验及摩尔-库仑强度准则计算，在锚杆—锚索联合支护作用下，锚固体的力学参数：单轴抗压强度 10.74 MPa，内摩擦角 29.86°，内聚力 3.11 MPa，抗剪强度 9.28 MPa，抗拉强度 3.60 MPa，与试件原始力学各参数相比，锚固体各力学参数均得到提高。

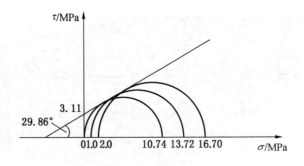

图 7-22　锚固体参数测试

7.2.3　沿底巷道顶板支护方案、参数及效果分析

1. 沿底巷道顶板支护方案选择

通过上一节对锚固体力学性质的研究，得到侧帮锚杆—锚索联合支护作用下，锚固体的各项力学参数。计算沿底巷道"极限自稳平衡拱"高度：

$$h_1 = W_0 \sqrt{\frac{3P_0}{4P_0 + 12\sigma_t}} \tag{7-1}$$

式中　W_0——巷道原始宽度，取 4.5 m；

　　　P_0——原岩应力，经计算 $P_0 = \gamma h = 0.025 \times 800 = 20$ MPa；

　　　σ_t——联合锚固区煤体抗拉强度，为 3.60 MPa。

将前述研究得到的锚固体各项力学参数代入式（7-1），计算得：沿底巷道自稳平衡拱高度 3.14 m。考虑到沿底巷道顶板锚杆应锚固在稳定岩体区内并考虑悬吊长度以及锚杆外露长度，确定沿底巷道顶板锚杆长 4.0 m，其余沿底巷道顶板锚杆支护参数参考侧向锚杆参数，分别为锚杆间排距 0.8 m，锚杆预紧力 80 kN，锚杆直径 22 mm。

2. 沿底巷道支护构件悬吊机制的形成

为了验证沿底巷道支护构件悬吊机制的形成，在原模型中沿煤层底板布置下区段沿底巷道并确定沿底巷道外错距离 3 m，试验模型如图 7-23 所示。

下区段沿底巷道的支护构件为锚杆支护，沿底巷道锚杆与沿顶巷道锚杆在沿巷道走向方向上错开 0.4 m 布置，沿底巷道悬吊机制支护结构和垂直应力云图如图 7-24、图 7-25 所示。

如图 7-24 所示，沿底巷道顶板的锚杆与上区段沿顶巷道侧帮锚杆-锚索支护构件形成联合锚固结构，从图中可以明显看出，在单巷支护密度不变的情况下，这种"骨架"结构相当于增加了联合锚固区内围岩的支护密度。

如图 7-25 所示，分析沿底巷道悬吊机制垂直应力云图。联合锚固区内支护应力场的压应力明显增大，支护应力场分布范围更加均匀。在锚杆—锚索支护压应力区范围内形成了 0.3 MPa 左右的支护压应力区，有利于对外错距离内煤体的控制作用；在沿底巷道顶板锚杆支护范围内形成了压应力大小为 0.45 MPa 的压应力区，在锚杆端部形成了 0.1 MPa

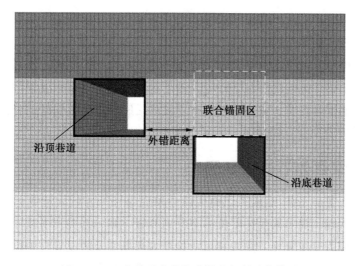

图 7-23 沿底巷道支护构件悬吊机制计算模型

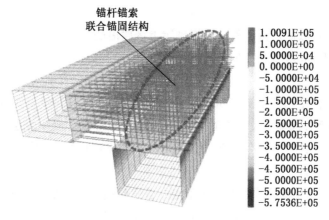

图 7-24 沿底巷道悬吊机制支护结构侧视图

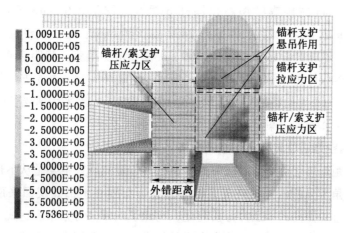

图 7-25 沿底巷道悬吊机制垂直应力云图

左右的支护拉应力区，可以将沿底巷道浅部围岩悬吊在上部较稳固的岩层中，有利于发挥沿底巷道顶板锚杆的悬吊作用。

分析认为，由于上区段沿顶巷道侧帮锚杆—锚索联合支护作用，使锚固体的力学性质得到改变并改善了锚固体的受力状态，可以为下区段沿底巷道顶板支护构件提供较强的锚固力和较为稳定的围岩环境，更有利于发挥下区段沿底巷道顶板锚杆的悬吊机制，对厚煤层沿底巷道的顶板维护更为有利。

7.3　错层位沿空巷道位置选择研究

本节针对新巨龙矿 1301 综放工作面区段间留设煤柱尺寸较大造成的资源浪费和回采巷道支护困难等问题，提出采用错层位沿空巷道布置方案，并提出下区段沿底巷道位置选择时应考虑顶煤应力分布分区、沿底巷道所处应力环境以及区段煤柱弹性应变能密度 3 个因素。利用极限平衡理论对沿底巷道顶煤应力分布及分区进行理论计算，并采用数值模拟软件对沿底巷道顶煤应力分布情况进行模拟，综合确定下区段沿底巷道位置选择范围；设计 3 种水平错距的沿底巷道试验方案，对不同水平错距条件下垂直应力分布及煤岩体弹性应变能密度分布进行数值模拟试验，最终确定下区段沿底巷道的水平错距。本节研究为进一步确定区段间相邻巷道联合支护方案提供基础。

7.3.1　地质概况

新巨龙矿一采区平均开采深度 800 m，回采煤层厚 8.5~10.03 m，平均 9.03 m，普氏系数 f = 1.59，密度 1.36 g/cm^3，倾角 2°~13°，平均倾角 5°。开采煤层为下二迭统山西组 3 号煤层。煤层赋存稳定，结构复杂，中间夹 0.1~0.35 m 厚的泥岩或炭质泥岩，煤质以肥煤和 1/3 焦煤为主。

1301 工作面是一采区的首采面，采用走向长壁后退式综采放顶煤采煤法回采；推进长度 2800 m，工作面长 220 m；拟留设 20 m 区段煤柱布置下一个工作面。1301 工作面两回采巷道断面均为矩形，沿煤层底板布置，巷道尺寸为 4.5 m×3.5 m，支护参数为：顶板采用 ϕ22 mm×2500 mm 左旋螺纹钢高强锚杆 6 根，间排距 850 mm×800 mm，锚索采用 ϕ18.9 mm×6300 mm 左旋钢绞线，间排距 2400 mm×800 mm；帮部安设锚杆 5 根，间排距 750 mm×800 mm，巷帮打设 ϕ18.9 mm×4300 mm 高预应力锚索，间距 2.4 m。实际生产中巷道变形量大且难以维护，受采动影响下巷帮锚杆易破断失效，具体支护构件失效示意图如图 7-26 所示。为了优化巷道支护效果，提高采出率，提出采用错层位外错式巷道布置形式布置下区段工作面的方案。

7.3.2　下区段沿空巷道位置确定依据及分析

目前，对近距离煤层群下部煤层回采巷道布置位置的研究主要是从下部煤层回采巷道所处应力环境的角度分析，认为应考虑将下部巷道布置在上部煤层回采形成的低应力区内。华心祝等通过对侧向支承压力分段简化，构建了底板应力分布表达式，通过矿压实测数据代入后计算得到底板不同深度处应力增量集中系数。孔德中等应用数值模拟软件，对

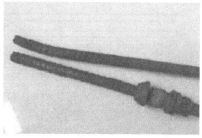

图 7-26　支护构件失效示意图

下部煤层应力分布情况进行模拟，以确定下部煤层巷道布置位置。成云海等认为在进行巷道位置选择时，巷道应该布置在塑性区内的低应力位置，因为该区域内围岩较破碎区相比完整性更好，有利于锚杆锚索等支护构件锚固在较完整的煤体当中，提高支护效果；同时可以避免因为回采巷道围岩较为破碎与上区段采空区"相通"而造成自然发火等灾害。

下区段沿底巷道布置位置取决于上区段错层位工作面回采形成的低应力区范围以及上区段工作面回采后沿底巷道顶煤的应力状态、围岩赋存情况。因此，在确定错层位沿空巷道位置时，除了考虑沿底巷道所处应力环境——将沿底巷道布置在低应力区之中，还应该考虑沿底巷道顶煤的应力状态及围岩赋存情况。合理的下区段沿底巷道位置应使沿底巷道的顶煤也处于一个应力相对较小的区域，可以使沿底巷道的顶板锚杆固定在具有一定强度的煤体中，有利于下区段沿底巷道的围岩控制；采用区段煤柱内的弹性应变能密度来反映下区段沿底巷道的围岩赋存情况。因此，沿底巷道位置确定应综合考虑顶煤垂直应力分布分区、沿底巷道所处应力环境以及区段煤柱弹性应变能密度三因素。

7.3.3　沿底巷道顶煤应力分布分区计算

相比于传统巷道布置形式、内错式完全无煤柱与架棚支护为主的技术特征，错层位相邻两巷呈现"一高、一低、水平错距"的空间立体化特点，如图 7-27 所示，空间特点包括：

（1）两巷之间水平错距 L_1：工作面间煤柱尺寸。

（2）两巷之间纵向距离 L_2：尺寸取决于煤层铅直厚度与两巷高度。

错层位工作面回采后，下区段沿底巷道顶煤受侧向支承压力分布状态如图 7-28 所示，从沿顶巷道右帮至实体煤侧依次可分为破碎区 I、塑性区 II、弹性

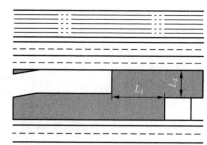

图 7-27　错层位双巷布置方式

应力升高部分Ⅲ以及原岩应力区Ⅳ。以下区段沿底巷道顶煤为研究对象，利用极限平衡理论对下区段沿底巷道顶煤进行分区。通过公式计算顶煤破碎区宽度 X_1 和顶煤塑性区宽度 X_2 预估顶煤破碎区和塑性区的位置，将下区段沿底巷道位置选择范围控制在塑性区Ⅱ之内靠近破碎区 I 的位置，利于下区段沿底巷道顶板的围岩控制。

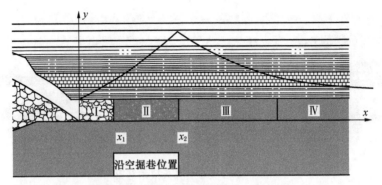

图 7-28　顶煤受侧向支承压力分布状态

此处将煤层分为两层，将沿底巷道顶煤作为均匀、连续、理想弹塑性体，进而将模型简化为平面应力问题，建立力学模型如图 7-29 所示。错层位工作面回采后，根据极限平衡理论，取顶煤微元体（宽度为 dx），由于侧向支承压力的作用，微元体有向采空区侧开放空间移动趋势，因而在微元体与交界面上产生摩擦力 $f\sigma_y$ 和煤层界面的黏聚力 C 来"抵抗"制约微元体移动，沿底巷道顶煤受侧向支承压力计算模型如图 7-29b 所示。

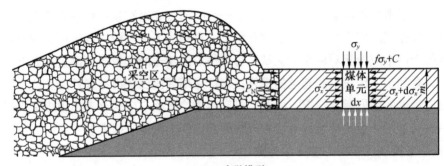

(a) 力学模型

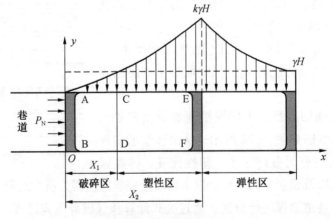

(b) 沿底巷道顶煤计算模型

图 7-29　错层位顶煤受力状态计算模型

由分析知，微元体在水平方向上受力平衡，即在水平方向上合力为0，建立方程得式（7-2）：

$$m(\sigma_x+\mathrm{d}\sigma_x)-m\sigma_x-2(C+f\sigma_y)\mathrm{d}x=0 \tag{7-2}$$

式中，σ_x、σ_y 分别为微元体所受到的水平应力、垂直应力，MPa；m 为巷道高度，m；f 为微元体分界面摩擦系数；C 为煤层界面的黏聚力，MPa。

由摩尔-库仑强度准则和极限平衡条件得：

$$\sigma_y=R_c+\left(\frac{1+\sin\varphi}{1-\sin\varphi}\right)\sigma_x \tag{7-3}$$

式中，R_c 为煤岩体单轴抗压强度，MPa。

对式（7-3）求导，得到 σ_x、σ_y 之间的微分关系：

$$\frac{\mathrm{d}\sigma_y}{\mathrm{d}\sigma_x}=\frac{1+\sin\varphi}{1-\sin\varphi} \tag{7-4}$$

将式（7-4）代入式（7-2），整理可得：

$$\ln(f\sigma_y+C)=\frac{2fx}{m}\left(\frac{1+\sin\varphi}{1-\sin\varphi}\right)+A \tag{7-5}$$

由图知，当 $x=0$ 时，σ_y 与巷道侧帮支护阻力 P_N 相等，即 $\sigma_y=P_N$，代入式（7-5）即可求出常数项 A：

$$A=\ln(fP_N+C) \tag{7-6}$$

则将式（7-6）代入式（7-5）后整理得：

$$\ln\left(\frac{f\sigma_y+C}{fP_N+C}\right)=\frac{2fx}{m}\left(\frac{1+\sin\varphi}{1-\sin\varphi}\right) \tag{7-7}$$

变形得到：

$$\sigma_y=\left(P_N+\frac{C}{f}\right)e^{\frac{2f}{m}\left(\frac{1+\sin\varphi}{1-\sin\varphi}\right)x}-\frac{C}{f} \tag{7-8}$$

$$x=\frac{m}{2f}\left(\frac{1-\sin\varphi}{1+\sin\varphi}\right)\ln\left(\frac{f\sigma_y+C}{fP_N+C}\right) \tag{7-9}$$

由极限平衡理论和图 7-28b 所知，当 $x=X_1$ 时，$\sigma_y=\gamma h$，则沿底巷道顶煤破碎区宽度：

$$X_1=\frac{m}{2f}\left(\frac{1-\sin\varphi}{1+\sin\varphi}\right)\ln\left(\frac{f\gamma h+C}{fP_N+C}\right) \tag{7-10}$$

同理可得：当 $x=X_2$ 时，$\sigma_y=k\gamma h$，则沿底巷道顶煤极限平衡区宽度：

$$X_2=\frac{m}{2f}\left(\frac{1-\sin\varphi}{1+\sin\varphi}\right)\ln\left(\frac{fk\gamma h+C}{fP_N+C}\right) \tag{7-11}$$

参数取值如下：m 为巷道高度，取 3.5 m；f 为微元体分界面摩擦系数，取 0.2；φ 为煤体的内摩擦角，取值为 28.5°；h 为巷道埋深，取 800 m；γ 为岩层平均容重，取 25 kN/m³；k 为应力集中系数，取 3.0；P_N 为对煤帮施加的支护阻力，因上区段沿顶巷道采用锚杆—

锚索联合支护，故取值为 0.2 MPa；C 为煤层界面的黏聚力，取 1.5 MPa；结合以上工作面工程实测数据，通过计算得到沿底巷道顶煤破碎区宽度 $X_1 = 2.84$ m，极限平衡区宽度 $X_2 = 10.21$ m。

7.3.4 沿底巷道位置选择的数值模拟研究

7.3.4.1 数值模拟模型的建立

利用 FLAC3D 中内置的 Extrusion 功能，将 CAD 绘图导入后建立分组，拉伸后得到数值模拟计算模型，如图 7-30 所示。模型尺寸为 430 m（长）×200 m（宽）×109 m（高），回采巷道断面均为矩形，巷道尺寸为 4.5 m（宽）×3.5 m（高），在模型顶部施加 0.025 MN/m^3×750 m = 18.75 MPa 的应力来模拟未建模的上覆岩层重量，在模拟底部约束纵向和横向位移，在模型的前后、左右边界限制横向位移，以莫尔-库仑准则根据表 7-5 对模型各岩层进行赋参。

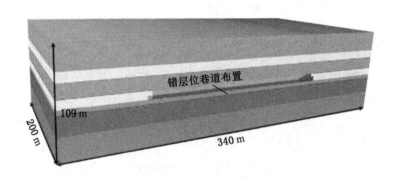

图 7-30 数值模拟计算模型

表 7-5 各岩层力学参数

序号	岩层	体积模量/GPa	剪切模量/GPa	密度/(kg·m^{-3})	摩擦角 f/(°)	内聚力/MPa	抗拉强度/GPa
1	细砂岩	15.80	11.30	2700	42	5.50	2.40
2	黏土岩	12.40	8.10	2600	35	3.50	1.80
3	粉砂岩	8.40	5.90	2350	39	2.60	1.20
4	煤	11.90	7.10	1400	28.5	3.08	0.68
5	粉砂岩	8.40	5.90	2350	39	2.60	1.20
6	黏土岩	12.40	8.10	2600	35	3.50	1.80
7	细砂岩	15.80	11.30	2700	42	5.50	2.40

数值模拟分以下 4 个过程进行：①初始地应力平衡；②开挖错层位工作面回采巷道；③开挖错层位工作面，分析下区段沿底巷道顶煤垂直应力分布规律，确定下区段沿底巷道位置选择范围，为下区段沿底巷道选择提供依据；④在前述确定的区段沿底巷道位置选择

范围的基础上，设置不同水平错距条件下的对照实验，研究不同水平错距条件下沿底巷道垂直应力和应变能密度分布规律，以确定合理的下区段沿底巷道位置，再按照以上方案逐步运算。

7.3.4.2 沿底巷道顶煤应力分布模拟及沿底巷道位置选择范围确定

在数值模拟初始地应力平衡及回采巷道开挖平衡后，对错层位工作面进行开挖计算，得到如图 7-31 所示的垂直应力分布云图。

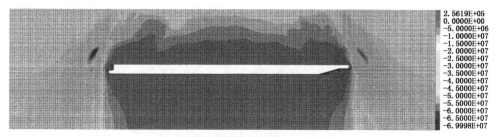

(a) 工作面开采后垂直应力分布云图

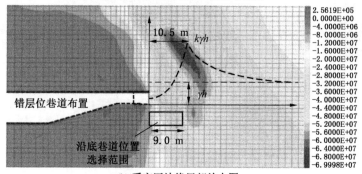

(b) 采空区边缘局部放大图

图 7-31 错层位工作面采后垂直应力分布图

观察图 7-31 中错层位工作面回采后垂直应力分布云图，经数值模拟计算得：沿顶巷道实体煤侧应力集中系数 K 为 2.75，极限平衡区宽度为 10.5 m，与理论计算得到的极限平衡区宽度 10.21 m 基本相同。

上区段工作面回采后，会在沿着上区段采空区边缘的区域形成一个低应力区，为避开应力集中区，在考虑下区段沿底巷道所处应力环境的情况下，应该将下区段沿底巷道布置在应力较低的位置。由图 7-31b 可知，在沿煤层底板水平错距 0~9 m 的范围内垂直应力较小且处于顶煤极限平衡区以里。同时，考虑到下区段沿底巷道宽度为 4.5 m，沿底巷道应该避开顶煤侧向支承压力峰值附近的区域。综合以上各因素，拟在水平错距 0~9 m 的范围内布置下区段沿底巷道。

7.3.4.3 下区段沿底巷道合理位置确定

针对上一节所确定的沿底巷道位置选择范围，进行下区段沿底巷道不同水平错距的对照实验研究，考虑到下区段沿底巷道宽度，故布置 1.5 m、3.0 m、4.5 m 3 种水平错距的沿底巷道，以确定下区段沿底巷道的最终位置。

1. 不同水平错距条件下垂直应力分布

在确定下区段沿底巷道位置选择范围之后，分别进行 3 种不同水平错距条件下的数值模拟计算，将数值模拟软件计算结果通过外置接口导入 Tecplot 软件并绘制成图，如图 7-32 所示。

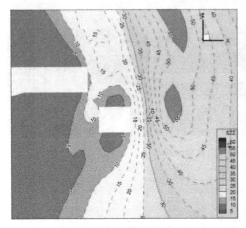

(a) 水平错距 1.5 m

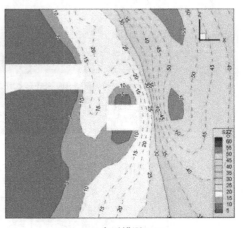

(b) 水平错距 3.0 m

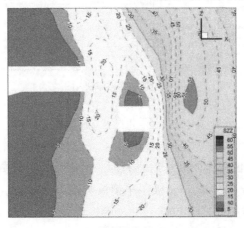

(c) 水平错距 4.5 m

图 7-32 不同水平错距条件下垂直应力分布图

对比图 7-31 和图 7-32，当下区段沿底巷道开挖后，沿顶巷道周围应力释放，高应力区域向实体煤深处转移，垂直应力重新进行分布。当水平错距为 1.5 m 时，上区段沿顶巷道右帮应力减小，高应力区域向煤体深部转移，沿底巷道左帮应力为 10 MPa，低于原岩应力，沿底巷道右帮应力逐渐增加，在距离右帮 5.8 m 处，应力达到最大的 55 MPa，沿底巷道顶底板形成的应力降低区与上区段工作面形成的应力降低区连成一个整体。当水平错距为 3.0 m 时，上区段沿顶巷道右帮应力稍有增加，沿底巷道左帮应力增加，并在两巷水平错距之间形成了 15 MPa 的应力集中区域，沿底巷道顶底板形成的应力降低区与上区段工作面回采形成的应力降低区逐渐"分离"。当水平错距为 4.5 m 时，沿顶巷道与沿底巷道之间的应力进一步增加，两巷水平错距之间的应力集中区域达到 20 MPa（与原岩应力大小相等），沿底巷道顶底板形成的应力降低区与上区段工作面形成的应力降低区"分离"为两个独立的应力降低区。

综上分析，沿底巷道开挖后，实体煤侧应力重新分布，应力集中区逐渐向煤体深部转移。并且随着水平错距的逐渐增加，沿底巷道与沿底巷道水平错距之间的垂直应力逐渐增加，不利于沿底巷道巷帮维护。

2. 不同水平错距条件下区段煤柱弹性应变能密度分布

工作面回采打破了岩层原有的平衡状态，应力场会发生重新分布现象。该现象的发生还伴随着煤岩体能量的积聚与释放等一系列能量关系变化，因此可以通过"可释放弹性应变能密度"这一概念对错层位沿底巷道位置选择进行判别。

基于广义胡克定律，在非线性加载过程中，煤岩体线性卸载过程中的可释放弹性应变能可以表示为

$$u^e = \frac{\sigma_1^2 + \sigma_2^2 + \sigma_3^2 - 2\mu(\sigma_1\sigma_2 + \sigma_2\sigma_3 + \sigma_3\sigma_1)}{2E_0} \tag{7-12}$$

式中，σ_1、σ_2、σ_3 分别为煤岩体所受的主应力，MPa；E_0 为煤岩体的弹性模量，GPa；μ 为煤岩体的泊松比。

采用数值模拟软件内置 FISH 语言对煤体可释放弹性应变能进行编写，运算命令后将结果文件导入 Tecplot 中，得到如图 7-33 所示的不同水平错距条件下区段煤柱弹性应变能密度分布图。

分析图 7-33 中不同水平错距条件下，区段煤柱中对应的最大可释放弹性应变能密度。当水平错距为 1.5 m 时，由于下区段沿底巷道距离上区段工作面采空区较近，且沿底巷道顶煤部分处于破碎区之中，故区段煤柱中最大可释放弹性应变能密度较小，为 5 kJ/m³，并且区段间两巷整体处于应变能较低的区域。当水平错距为 3 m 时，由于水平错距的增加，沿底巷道顶煤全部处于塑性区之中，围岩状态得到提升，因此区段两巷间煤体中最大可释放弹性应变能密度增加为 9 kJ/m³，并且在煤体内积聚为能量核。当水平错距为 4.5 m 时，区段两巷间煤体中最大可释放弹性应变能密度略有增加，为 11 kJ/m³。

整体分析图 7-33，认为沿底巷道开挖后，随着水平错距的增加，下区段沿底巷道的围岩逐渐由破碎变得较为完整，因此区段煤柱中对应的最大可释放弹性应变能密度逐渐增加。

综合分析理论计算及数值模拟计算的不同水平错距条件下煤体内垂直应力分布和围岩应变能密度分布情况：当水平错距为 1.5 m 时，下区段沿底巷道顶煤处于破碎区当中，不利于下区段支护构件的安设及巷道维护甚至可能造成与上区段采空区沟通，造成漏风和垮

(a) 水平错距1.5 m (b) 水平错距3.0 m

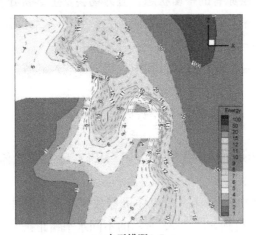

(c) 水平错距4.5 m

图7-33 不同水平错距条件下区段煤柱弹性应变能密度分布图

落矸石等问题；而水平错距为 4.5 m 时，区段两巷间煤体内的垂直应力及最大可释放弹性应变能密度较大，不利于下区段沿底巷道的维护，并造成了一定程度的资源浪费情况。因此，选择水平错距 3 m 布置下区段沿底巷道，此时下区段沿底巷道整体处于应力较低的环境中，同时顶煤也相对完整，有利于锚杆—锚索等支护构件的安设，可以减少区段煤柱尺寸，提高资源回收率，避免采空区漏风造成残煤自燃及瓦斯溢出等情况的发生。

7.4 巷道支护方案设计及效果验证

本节结合前述研究结果并应用"极限自稳平衡拱"理论确定在 1301 工作面实际地质条件下错层位相邻两巷联合支护方案；并进行实际地质条件下区段间相邻巷道联合支护方案和矿方原始支护方案的模拟验证：在考虑下区段沿底巷道掘进和下区段工作面回采两阶段的情况下，分别从支护应力场、塑性区及垂直应力分布以及围岩相对变形率三方面对比分析原始巷道布置及支护方案与采用"错层位巷道布置并配合区段间相邻两巷联合支护技术"方案的效果。研究方法和成果可以为近水平特厚煤层回采巷道布置及支护方案设计提供一定参考。

7.4.1 沿底巷道支护方案与参数设计

7.4.1.1 沿底巷道锚杆支护参数确定

1. 锚杆长度计算

充分认识和利用沿底巷道顶板围岩的自稳性，对于确定沿底巷道的合理支护参数具有重要意义。大量工程实践证明，巷道顶部围岩垮落稳定后，能够形成"拱状自稳结构"，使围岩保持极限平衡状态，称为"极限自稳平衡拱"。巷道顶板可以划分为易冒落区、不稳定极限平衡区和稳定岩体区，如图7-34所示。

巷道顶板处于极限平衡状态的岩体在进一步变形破坏过程中，处于拉应力区的围岩可能出现冒落。在平面应变问题中，顶板内拉应力为零的单元连线为似椭圆曲线，该曲线称之为自稳平衡拱，其几何方程如式（7-13）所示。

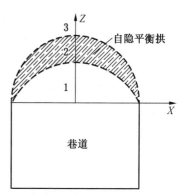

1—易冒落区域；2—不均匀挤压应力区；3—稳定岩体区域

图7-34 巷道顶板稳定性分区

$$\frac{x^2}{\left(\dfrac{W_0}{2}\right)^2}+\frac{y^2}{\left(\dfrac{3P_0W_0^2}{4P_0+12\sigma_t}\right)^2}=1 \tag{7-13}$$

令 $A=\dfrac{3P_0W_0^2}{4P_0+12\delta_t}$，$B=\dfrac{3P_0}{P_0+3\sigma_t}$，则式（7-13）可以改写为

$$y=\sqrt{A-Bx^2} \tag{7-14}$$

式中，W_0 为巷道宽度；P_0 为原岩应力；σ_t 为联合锚固区煤体抗拉强度。

沿底巷道顶板支护时，考虑沿底巷道顶部的"拱状自稳结构"，顶板锚杆长度应穿过极限平衡区，悬吊在稳定岩体中。通过前面对侧向煤体力学性质的研究，得到在侧帮锚杆—锚索作用下，侧向煤体的力学性质参数。

由式（7-14）推导出沿底巷道"极限自稳平衡拱"高度为

$$h_1=W_0\sqrt{\frac{3P_0}{4P_0+12\sigma_t}} \tag{7-15}$$

将前述研究得到的基本参数代入式（7-15）：W_0 为巷道原始宽度，为4.5 m；P_0 为原岩应力，为20 MPa；σ_t 为联合锚固区煤体抗拉强度，由前节计算得为3.6 MPa；计算得到沿底巷道自稳平衡拱高度 h_1 为3.14 m。

考虑到沿底巷道顶板锚杆应锚固在稳定岩体区内并考虑悬吊长度以及锚杆外露长度，确定沿底巷道顶板锚杆长度 L：

$$L=L_1+L_2+L_3 \tag{7-16}$$

式中，L_1 为沿底巷道锚杆外露长度，按工程背景一般取0.1 m；L_2 为沿底巷道锚杆有效长度，按沿底巷道自稳平衡拱高度取值，取 3.2 m；L_3 为沿底巷道锚杆锚固长度，取 0.7 m。代入数值计算可得 $L=4$ m。

2. 锚杆直径计算

根据锚杆杆体承载力与锚固力强度相等原则确定下区段沿底巷道锚杆直径，则锚杆杆体直径 D（mm）：

$$D=35.52\times\sqrt{\frac{Q}{\sigma_{t锚}}} \tag{7-17}$$

式中　$\sigma_{t锚}$——沿底巷道锚杆抗拉强度，由《煤矿巷道锚杆支护技术规范》可知高强度无纵筋螺纹钢锚杆杆体材料抗拉强度为 600 MPa；

　　　　Q——沿底巷道锚杆锚固力，kN。

代入数值计算可得：

$$D=35.52\times\sqrt{\frac{130}{600}}\geqslant16.53(\text{mm})$$

3. 锚杆间、排距计算

按组合梁理论计算下区段沿底巷道锚杆间、排距，为了简化计算结果，假设组合梁受均布载荷 q 的作用，运用组合梁理论分析锚杆间、排距的计算方法如下：

$$M\leqslant1.44\times D\sqrt{\frac{L_2\,\tau}{K_1qW_0}} \tag{7-18}$$

式中，M 为沿底巷道锚杆间、排距，m；D 为沿底巷道锚杆直径，取 22 mm；K_1 为沿底巷道锚杆安全系数，取 6；τ 为沿底巷道锚杆杆体的抗剪强度，取 312 MPa；q 为极限平衡拱内所受均布载荷，kN/m^2，经计算 $q=3.14$ m×0.014 kN/m$^3=0.04$ MPa。将数据代入式（7-18），计算得到 $M\leqslant0.96$ m。

7.4.1.2　沿底巷道锚索支护参数确定

（1）锚索锚固长度 X_3 计算：

$$X_3=\frac{K_2d'f_s}{4f_c} \tag{7-19}$$

式中，K_2 为沿底巷道锚索安全系数，取 2；f_s 为沿底巷道顶板锚索钢绞线抗拉强度，取 1500 MPa；d' 为沿底巷道锚索直径，取 18.9 mm；f_c 为沿底巷道顶板锚索钢绞线与树脂药卷的黏结强度，根据矿方实际使用的材料，取 10 MPa。将以上数据代入式（7-19），计算得到 X_3 为 1.42 m。

（2）锚索长度 X 计算：

$$X=X_1+X_2+X_3 \tag{7-20}$$

式中，X_1 为沿底巷道锚索外露长度，按工程背景一般取 0.3~0.4 m；X_2 为沿底巷道锚索有效长度，按 1301 工作面沿底巷道实际煤层及顶板赋存条件取值，取 5.5 m；X_3 为沿底巷道锚索锚固长度，取 1.0~1.5 m。通过代入数据计算，并考虑选型设计方便，取沿底巷道锚索长度为 8 m。

（3）锚索支护密度 m_2 计算：

下区段沿底巷道锚索支护密度（m_2）的设计原则是保证锚索支护构件能够承受巷道围岩锚固区内的岩体重量，并保证支护结构具有一定的安全系数：

$$m_2 = \frac{K_2 Y W_0 h}{Q_1} \qquad (7-21)$$

式中，K_2 为沿底巷道锚索安全系数，取 3；Y 为沿底巷道顶板岩石体积力，按 1301 工作面沿底巷道实际煤层及顶板赋存条件取值，取 25 kN/m³；W_0 为沿底巷道宽度，取 4.5 m；h 为沿底巷道"极限自稳平衡拱"高度，取 3.14 m；Q_1 为沿底巷道顶板锚索最小破断力，345 kN。将数据代入式（7-21），计算得到 m_2 为 3.072。

（4）锚索排距 N' 计算：

$$N' = \frac{nQ_1}{K_2 Y W_0 h} \qquad (7-22)$$

式中，n 为沿底巷道每排锚索根数，取 5。将数据代入式（7-22），计算得到 N' 为 1.628。

（5）锚索间距 M' 计算：

$$M' = \frac{0.85 W_0}{n} \qquad (7-23)$$

将前述计算数据代入式（7-23），计算得到 M' 为 0.765 m。

7.4.1.3 区段间相邻巷道锚杆—锚索支护参数汇总

结合前文研究结果，综合考虑 1301 工作面错层位沿底巷道位置、对支护应力场及对锚固体力学性质影响较为明显的上区段沿顶巷道侧帮锚杆—锚索支护参数、下区段沿底巷道锚杆—锚索支护参数取值范围，类比矿方原支护方案中顶板锚索支护参数对沿顶巷道顶板进行支护，最终确定 1301 工作面区段间相邻巷道支护方案参数，见表 7-6。

表 7-6 1301 工作面区段间相邻巷道支护方案汇总

名　称	参　数	
沿顶巷道锚杆	间、排距	0.8 m
	预紧力	80 kN
	直径	22 mm
	长度	3 m
沿顶巷道顶板锚索	锚固长度	1.35 m
	长度	6.3 m
	排距	1.6 m
	间距	1.0 m
	预紧力	250 kN

表7-6(续)

名 称	参 数	
沿顶巷道侧帮锚索	锚固长度	1.35 m
	长度	8 m
	排距	1.6 m
	间距	1.0 m
	预紧力	250 kN
沿底巷道顶板锚杆	间、排距	0.8 m
	预紧力	80 kN
	直径	22 mm
	长度	4 m
沿底巷道锚索	锚固长度	1.35 m
	长度	8 m
	排距	1.6 m
	间距	1.0 m
	预紧力	250 kN

如图 7-35 所示，区段间相邻巷道联合支护方案具有如下特点：①巷道锚杆锚索交错

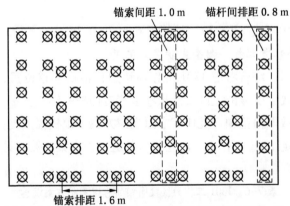

(a) 下区段沿底巷道顶板支护方案

(b) 上区段沿顶巷道侧帮支护方案

图 7-35　区段间相邻巷道支护方案

布置；②沿顶巷道侧帮锚索与沿底巷道顶板锚索交叉布置，从单巷考虑来看，锚索排距为
1.6 m；考虑联合锚固区时，锚索排距为 0.8 m，即采用区段间相邻巷道联合支护方案时，
在单巷支护密度不变的情况下，相当于增加了联合锚固区内的支护密度。

7.4.2　区段间相邻巷道联合支护数值模拟

7.4.2.1　数值模拟模型建立

采用数值模拟软件进行区段间相邻巷道联合支护技术的模拟验证：在考虑下区段沿底巷
道掘进和下区段工作面回采两阶段的情况下，分别从支护应力场、塑性区及垂直应力分布、
围岩相对变形率三方面对比分析矿方原始巷道布置及支护方案（以下简称矿方原始方案）与
采用"错层位巷道布置并配合区段间相邻两巷联合支护技术"方案（以下简称区段间相
邻巷道联合支护方案）的支护效果，最终确定适合 1301 工作面巷道布置形式及支护方案。

考虑到模拟中需要开挖下区段工作面，因此需要进一步扩大数值模拟模型在 X 轴方向
的长度；为了提高模型计算速度、减少不必要的运算，同时考虑到需要模拟接续工作面超
前支承压力对支护效果的影响，因此模型在 Y 轴方向的长度设置为 100 m，如图 7-36、图
7-37 所示。

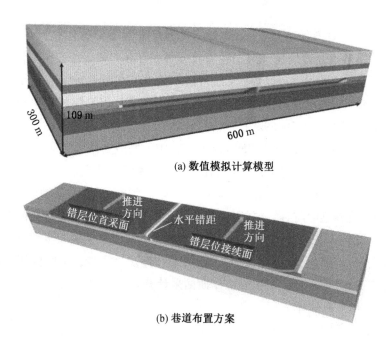

(a) 数值模拟计算模型

(b) 巷道布置方案

图 7-36　区段间相邻巷道联合支护方案计算模型

（1）模型一：区段间相邻巷道联合支护方案计算模型。模型尺寸为 600 m（长）×
100 m（宽）×109 m（高），回采巷道断面均为矩形，巷道尺寸为 4.5 m（宽）×3.5 m
（高），为保证研究区域周边的精度，对于模型区段煤柱及巷道范围内的网格划分进行加
密，包括 254840 个单元，284460 个节点。

171

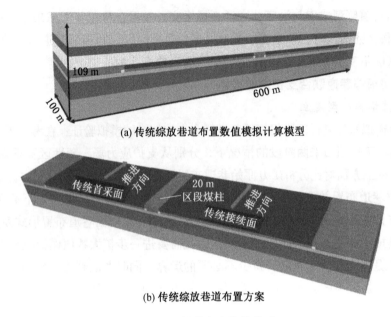

(a) 传统综放巷道布置数值模拟计算模型

(b) 传统综放巷道布置方案

图 7-37　原始方案计算模型

（2）模型二：矿方原始方案计算模型。模型尺寸为 600 m（长）×100 m（宽）×109 m（高），回采巷道断面均为矩形，巷道尺寸为 4.5 m（宽）×3.5 m（高），根据矿方实际，传统综放工作面留设 20 m 区段煤柱布置下区段工作面。为保证研究区域周边的精度，对于模型区段煤柱及巷道范围内的网格划分进行加密，传统综放巷道布置数值模拟计算模型包括 254810 个单元，284592 个节点。

在模型顶部施加 0.025 kN/m³×750 m = 18.75 MPa 的应力来模拟未建模的上覆岩层重量。为了方便对不同支护方案的支护效果对比分析，分别结合前文确定的区段间相邻巷道锚杆—锚索联合支护方案及矿方原始支护方案对不同模型进行回采巷道支护。在模拟底部约束纵向和横向位移，在模型的前后、左右边界限制横向位移，岩层相关参数与前表 7-5 相同。

模拟分以下 5 个步骤进行：第 1 步：地应力初始平衡计算；第 2 步：上区段回采巷道开挖计算（并支护）；第 3 步：上区段工作面回采计算；第 4 步，下区段工作面回采巷道开挖计算（并支护）；第 5 步，下区段工作面回采计算。

7.4.2.2　数值模拟结果分析

1. 掘巷阶段

1）支护应力场对比分析

由于原岩应力场和采动应力场在数量级上比支护单元体形成的支护应力场大很多，会将支护应力场"覆盖"，不利于观察支护单元体形成的支护应力场，因此在不考虑原岩应力场和采动应力场的条件下，模拟分析两种支护方案所形成的支护应力场分布特征以及对区段煤柱的控制作用。因此，分别按前述模型基于零原岩应力场下对两种支护方案进行模拟，得到图 7-38。其中，图 7-38a 和图 7-38b 为区段间相邻巷道联合支护方案支护应力场

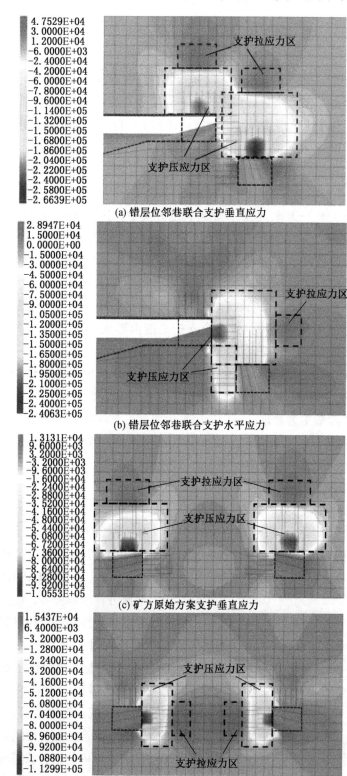

(a) 错层位邻巷联合支护垂直应力

(b) 错层位邻巷联合支护水平应力

(c) 矿方原始方案支护垂直应力

(d) 矿方原始方案支护水平应力

图 7-38　两种方案支护应力场对比

垂直应力及水平应力云图，图 7-38c 和图 7-38d 为矿方原始方案支护应力场垂直应力及水平应力云图。

由图 7-38a 和图 7-38b 可知，在区段间相邻巷道联合支护方案中，各支护单元形成的支护应力场相互叠加，在沿底巷道顶板锚杆—锚索联合支护范围内形成了 0.26 MPa 左右的支护压应力区，由于上区段沿顶巷道侧帮锚杆和下区段沿底巷道左帮锚杆的共同支护作用，使水平错距内的煤体得到有效控制，区段间锚杆和锚索支护应力场"耦合"作用良好，在联合锚固区内形成了 0.15 MPa 左右的支护应力场；在沿顶巷道侧帮锚杆—锚索支护范围内形成 0.24 MPa 左右的支护应力场，对联合锚固区内煤体的控制作用较为明显。

观察图 7-38c、图 7-38d，在矿方原始巷道方案中，区段间相邻两巷支护单元形成的支护应力场相互"独立"。如图 7-38c 所示，对垂直应力云图进行分析，由于巷道顶板锚杆—锚索的联合支护作用，在锚杆—锚索支护范围内形成了 0.1 MPa 左右的支护压应力区，锚索支护范围内形成的支护应力场数值更小。如图 7-38d 所示，对水平应力云图进行分析，由于巷道侧帮锚杆—锚索的联合支护作用，分别在区段间相邻巷道两帮形成了对称的支护应力场，巷道侧帮锚杆—锚索联合支护范围内形成了 0.12 MPa 的支护压应力区。同时可以观察到，由于留设区段煤柱尺寸和支护方案的原因，区段煤柱两侧的支护应力场并没有完全对区段煤柱进行控制，仅是在巷道侧帮形成了较为明显的支护应力场。

综合分析图 7-38 中两方案形成的支护应力场的效果，区段间相邻巷道联合支护方案中支护构件的支护参数更为合理，可以形成更为明显有效的支护应力场，同时，区段间相邻巷道形成的支护应力场相互叠加，对水平错距内煤体的控制作用更好；矿方原始方案中，由于支护参数的原因，形成的支护应力场较小，并不能完全对区段煤柱进行控制，仅对巷道侧帮浅部煤体起到了控制作用。

2）塑性区及垂直应力分布对比分析

为进一步验证和对比两种方案支护效果，分别对两种方案塑性区及垂直应力分布进行模拟分析，在下区段回采巷道掘进计算平衡后获得图 7-39 所示的巷道塑性区图示以及图 7-40、图 7-41 所示的不同方案的塑性区及垂直应力分布图。由于 FLAC3D 数值模拟软件采用全部动力平衡方程求解应力、应变问题，因此其所输出的破坏区分布数据均赋予相对时间概念，分为现在（用 n 表示）和过去（用 p 表示）两种。图中后缀为"-n"的图例表示当前正在发生破坏，说明在当前状态下，该区域内的围岩状态不稳定；None 表示未发生破坏的区域；图中后缀为"-p"的图例表示过去曾发生破坏但当前没有继续发生破坏，说明在当前状态下，该区域内的围岩状态较为稳定。

None
shear-n
shear-n shear-p
shear-n shear-p tension-p
shear-n shear-p tension-p volume-n volume-p
shear-n shear-p tension-p volume-p
shear-n shear-p volume-n volume-p
shear-n shear-p volume-n
shear-n tension-n shear-p tension-p
shear-p
shear-p tension-p
tension-n
tension-n shear-p tension-p
tension-n shear-p tension-p volume-p
tension-n tension-p
tension-p

图 7-39 巷道塑性区图示

综合分析图 7-40、图 7-41 两种支护方案塑性区及垂直应力分布，由于巷道布置形式的不同，巷道围

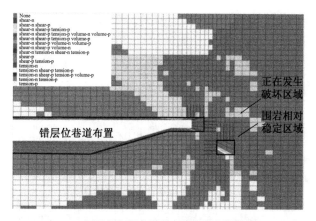

(a) 区段间相邻巷道联合支护方案塑性区

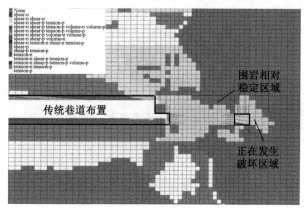

(b) 矿方原始方案塑性区

图 7-40 两种方案塑性区对比示意图

岩破坏区域和垂直应力分布有较为明显的差异。如图 7-39a、图 7-40a 所示，采用区段间相邻巷道联合支护方案在水平错距内应力较低，仅为 20 MPa，并没有出现较为明显的应力集中现象；因此虽然在巷道围岩区域内发生了破坏，但是破坏范围较小，并且下区段沿底巷道围岩破坏类型后缀基本均为"-p"，即下区段沿底巷道围岩基本均处于相对稳定阶段；仅在部分区域出现围岩破坏类型后缀为"-n"，说明在掘巷期间区段间相邻巷道联合支护方案对围岩的控制作用较为明显，有利于巷道支护。如图 7-39b、7-40b 所示，采用矿方原始方案布置并支护下区段沿底巷道，虽然在区段间留设了 20 m 区段煤柱，但是由于上区段工作面回采及下区段沿底巷道掘进的共同作用，在整个区段煤柱内形成了较为明显的应力集中现象，最大垂直应力为 70 MPa 左右，因此整个区段煤柱内均发生了塑性破坏，并且区段煤柱破坏类型后缀基本均为"-n"，表示此范围内围岩过去曾发生破坏并且仍在发生破坏，因此整个区段煤柱稳定性较差，不利于下区段沿底巷道围岩支护。

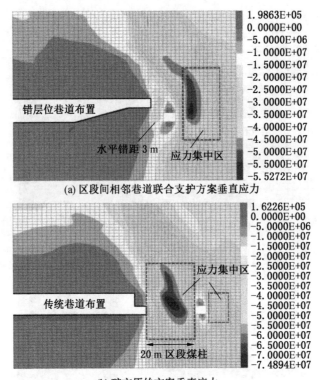

(a) 区段间相邻巷道联合支护方案垂直应力

(b) 矿方原始方案垂直应力

图 7-41　两种方案垂直应力对比示意图

　　综合以上分析认为，在掘巷阶段，区段间相邻巷道联合支护方案较矿方原始巷道方案对巷道围岩控制更为有利。

　　3）围岩相对变形率对比分析

　　由于模拟围岩变形与现场实践中围岩变形情况有一定差异，同时为了更有效地验证不同支护方案对围岩的支护效果，引入巷道围岩相对变形率的概念，进而对比分析不同支护方案对围岩的支护效果，见式（7-24）：

$$\eta_B = \frac{U_0 - U_B}{U_0} \times 100\% \tag{7-24}$$

式中　U_0——未进行锚杆支护情况下的巷道断面变形，mm；

　　　　U_B——进行锚杆支护情况下的巷道断面变形，mm。

　　对式（7-24）进行简单分析，认为围岩相对变形率越大，表明（$U_0 - U_B$）越大、U_B越小，即采用支护方案后围岩变形越小，证明支护效果明显。根据式（7-24），进行区段间相邻巷道联合支护方案、矿方原始支护方案和两巷道布置方案中无支护四组位移监测，分别取下区段沿底巷道两帮中点和顶板中点进行监测，为了方便对比两种支护方案的效果，对式（7-24）进行修改，可得式（7-25）：

$$\begin{cases} \eta_{联合} = \dfrac{U_4 - U_2}{U_4} \times 100\% \\[3mm] \eta_{传统} = \dfrac{U_3 - U_1}{U_3} \times 100\% \\[3mm] \eta_{对比} = \dfrac{U_1 - U_2}{U_1} \times 100\% \end{cases} \qquad (7\text{-}25)$$

式中 U_1——矿方原始巷道支护方案支护情况下的巷道断面变形，mm；

U_2——区段间巷道联合支护方案支护情况下的巷道断面变形，mm；

U_3——矿方原始巷道支护方案无支护情况下的巷道断面变形，mm；

U_4——区段间巷道联合支护方案无支护情况下的巷道断面变形，mm。

根据式（7-25）对下区段沿底巷道掘进阶段的各方案数据进行处理，获得如图 7-42 所示的不同巷道支护方案巷道围岩相对变形率示意图和表 7-7 所示的不同支护方案巷道围岩相对变形率数据表。图和表中 *R-d* rate_ *LH*（Relative deformation rate_联合）表示无支护方案相对于相邻区段巷道支护方案时的相对变形率，*R-d* rate_ *CT*（Relative deformation rate_传统）表示无支护方案相对于原始巷道支护方案时的相对变形率，*R-d* rate_ *DB*（Relative deformation rate_对比）表示相邻区段巷道支护方案相对于原始巷道支护方案的相对变形率。

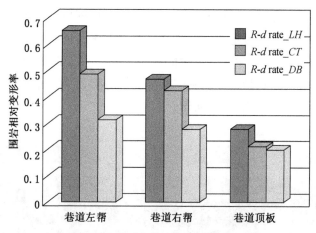

图 7-42 掘巷阶段不同巷道支护方案巷道围岩相对变形率示意图

表 7-7 掘进阶段不同巷道支护方案巷道围岩相对变形率数据表

掘巷阶段	*R-d* rate_*LH*/%	*R-d* rate_*CT*/%	*R-d* rate_*DB*/%
下区段沿底巷道左帮	65.217	48.837	31.252
下区段沿底巷道右帮	47.058	42.479	27.915
下区段沿底巷道顶板	28.106	21.302	19.925

对表 7-7 和图 7-42 进行分析，与无支护方案相比，两支护方案均对围岩有较为明显的控制作用；区段间相邻巷道联合支护方案与矿方原始支护方案相比，围岩相对变形左帮减小了 31.252%，右帮减小 27.915%，顶板下降了 19.925%，综合来看，区段间相邻巷道联合支护方案的围岩相对变形率均高于矿方原始支护方案，证明在掘巷期间，采用区段间相邻巷道联合支护方案对围岩的控制作用更好，同时也减少了区段煤柱尺寸，提高了资源回收率。

2. 下区段工作面回采阶段

由于上区段工作面侧向支承压力和下区段工作面回采形成的超前支承压力的双重作用，回采巷道、区段煤柱变形及所受应力会较掘巷期间更加剧烈，因此模拟下区段工作面回采阶段对区段间相邻巷道联合支护方案和矿方原支护方案的影响，为进一步进行支护方案的选择提供依据。

由于支护应力场的效果验证并没有考虑原岩应力场和采动应力场的作用，因此掘巷阶段以及下区段回采阶段对支护应力场的影响不大，即掘巷阶段和回采阶段下支护方案形成的支护应力场变化不大。因此，为进一步验证和对比两种方案的支护效果，下区段工作面回采阶段仅对两种方案进行塑性区及垂直应力分布和围岩相对变形率对比分析。

1）塑性区及垂直应力分布对比分析

为确定工作面超前支承压力的峰值位置及影响范围，首先进行上区段工作面回采 20 m 的数值模拟试验，如图 7-43 所示。工作面超前支承压力峰值距煤壁 10 m 左右，峰值处应力达到 61 MPa 左右，应力集中系数 K 为 3.05；影响较剧烈范围为 20 m，工作面超前支承压力影响范围为 55 m 左右。因此结合模型尺寸以及工作面超前支承压力的影响范围，确定当下区段工作面开挖至模型中部（Y 方向开挖 50 m）并计算平衡后，提取工作面前方 20 m 处（Y 方向 70 m 处）区段间相邻巷道联合支护方案及矿方原支护方案的塑性区及垂直应力分布图，如图 7-44 和图 7-45 所示。

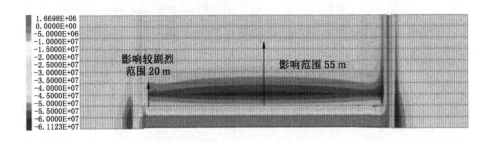

图 7-43 工作面超前支承压力影响范围

分析图 7-44、图 7-45 可知，由于受到上区段工作面侧向支承压力和下区段工作面超前支承压力的叠加作用，两种支护方案下塑性破坏范围均发生了不同程度的增加。

如图 7-44a 和图 7-45a 所示，采用区段间相邻巷道联合支护方案时，在水平错距范围

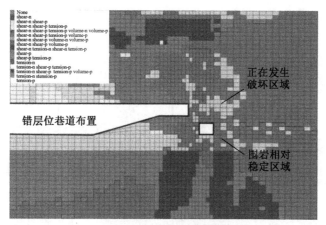

(a) 相邻巷道联合支护塑性区

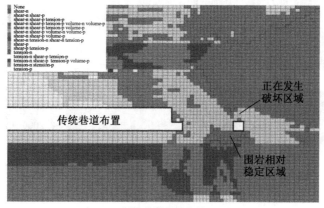

(b) 原始巷道支护塑性区

图 7-44 两种支护方案塑性区切片对比图（超前 20 m）

内的煤体所受应力增加，与掘巷期间相比，下区段沿底巷道左帮形成了 64 MPa 左右的应力集中，同时下区段沿底巷道右帮应力集中范围及应力集中程度均明显增加；从塑性区角度分析，本阶段巷道围岩区域内原本较为稳定的塑性破坏围岩（围岩破坏类型后缀为"-p"）又有开始发生破坏的趋势（围岩破坏类型后缀为"-n"）。如图 7-44b 和图 7-45b 所示，采用矿方原始方案时，在区段煤柱内形成的应力集中现象明显加剧，达到 80 MPa 左右；同时在下区段沿底巷道右帮也形成了明显的应力集中现象，增加了下区段沿底巷道的支护难度；从塑性区角度分析，20 m 区段煤柱内基本全部处于正在发生破坏阶段（围岩破坏类型后缀为"-n"），同时下区段沿底巷道的顶板及右帮较掘巷期间的破坏范围增加明显，给下区段回采巷道的支护造成极大的困难。

综合分析两方案在下区段工作面回采阶段塑性区及垂直应力分布特征，由于下区段工作面回采，对两方案支护效果都有明显的影响，但是区段间相邻巷道联合支护方案对围岩的控制作用更好，而矿方原始方案中的 20 m 区段煤柱在下区段工作面回采时，形成了更

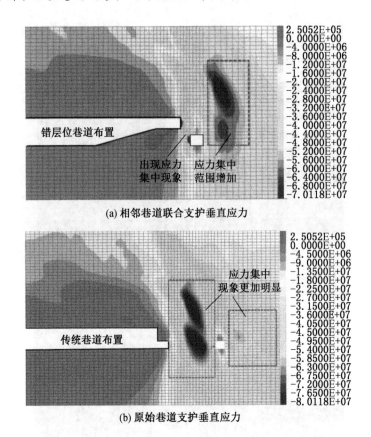

(a) 相邻巷道联合支护垂直应力

(b) 原始巷道支护垂直应力

图 7-45　两种支护方案垂直应力切片对比图（超前 20 m）

为明显的应力集中现象，不仅造成了严重的资源浪费，也不利于下区段沿底巷道的维护。因此，在下区段工作面回采阶段，区段间相邻巷道联合支护方案较矿方原始巷道支护方案对巷道围岩控制更为有利。

2）围岩的相对变形率效果对比

下区段工作面开挖至模型中部（Y 方向开挖 50 m）并计算平衡，根据掘巷阶段围岩相对变形率的处理方法对下区段工作面前方 20 m 处巷道围岩变形数据进行整理，最终结果如图 7-46、表 7-8 所示。图和表中的 $R\text{-}d\ rate\_LH$、$R\text{-}d\ rate\_CT$、$R\text{-}d\ rate\_DB$ 含义与掘巷阶段中的说明相同。

表 7-8　回采阶段不同巷道支护方案围岩相对变形率

回采阶段	$R\text{-}d\ rate\_LH$/%	$R\text{-}d\ rate\_CT$/%	$R\text{-}d\ rate\_DB$/%
下区段沿底巷道左帮	50.159	36.387	29.138
下区段沿底巷道右帮	32.324	28.315	21.632
下区段沿底巷道顶板	25.142	15.301	18.376

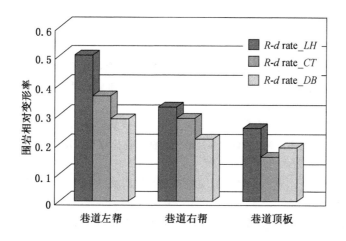

图 7-46　回采阶段不同巷道支护方案围岩相对变形率

　　对表 7-8 和图 7-46 以及掘巷阶段围岩相对变形率数据进行对比分析，相对于巷道掘进阶段，回采阶段条件下两支护方案的围岩相对变形率均呈现出不同程度的下降趋势。其中，由于受到上区段侧向支承压力和下区段工作面超前支承压力的叠加作用，下区段沿底巷道两帮的下降趋势最明显；但是在区段间相邻巷道联合支护方案中，由于联合锚固区内支护构件的共同作用，顶板围岩相对变形率的变化较小。综合来看，区段间相邻巷道联合支护方案对围岩的控制作用仍然比矿方原始支护方案的控制作用明显：巷道左帮相对变形率降低了 29.138%，巷道右帮相对变形率降低了 21.632%，巷道顶板围岩相对变形率降低了 18.376%。因此，在下区段工作面回采期间，采用区段间相邻巷道联合支护方案对巷道围岩的控制仍然有利。

参 考 文 献

[1] 中华人民共和国自然资源部．中国矿产资源报告［M］．北京：地质出版社，2022．

[2] 王国法，庞义辉．特厚煤层大采高综采综放适应性评价和技术原理［J］．煤炭学报，2018，43（1）：33-42．

[3] 王家臣．我国放顶煤开采的工程实践与理论进展［J］．煤炭学报，2018，43（1）：43-51．

[4] 孟宪锐，王鸿鹏，刘朝晖，等．我国厚煤层开采方法的选择原则与发展现状［J］．煤炭科学技术，2009，37（1）：39-44．

[5] 刘峰，曹文君，张建明，等．我国煤炭工业科技创新进展及"十四五"发展方向［J］．煤炭学报，2021，46（1）：1-15．

[6] 康红普．我国煤矿巷道围岩控制技术发展70年及展望［J］．岩石力学与工程学报，2021，40（1）：1-30．

[7] 康红普，张晓，王东攀，等．无煤柱开采围岩控制技术及应用［J］．煤炭学报，2022，47（1）：16-44．

[8] 童荣，李化敏，孙浩，等．特厚煤层综放工作面沿空掘巷小煤柱合理宽度留设研究［J］．河南理工大学学报（自然科学版），2021，40（5）：23-29．

[9] 樊克松．特厚煤层综放开采矿压显现与地表变形时空关系研究［D］．北京：煤炭科学研究总院，2019．

[10] 徐青云，黄庆国，张广超．综放剧烈采动影响煤巷窄煤柱破裂失稳机理与控制技术［J］．采矿与安全工程学报，2019，36（5）：941-948．

[11] 侯朝炯．深部巷道围岩控制的关键技术研究［J］．中国矿业大学学报，2017，46（5）：970-978．

[12] 曹光明，镐振，刘洪涛，等．巨厚砾岩下回采巷道冲击破坏机理［J］．采矿与安全工程学报，2019，36（2）：290-297．

[13] 王金华．特厚煤层大采高综放开采关键技术［J］．煤炭学报，2013，38（12）：2089-2098．

[14] 彭林军，宋振骐，周光华，等．大采高综放动压巷道窄煤柱沿空掘巷围岩控制［J］．煤炭科学技术，2021，49（10）：34-43．

[15] 王志强，乔建永，武超，等．基于负煤柱巷道布置的煤矿冲击地压防治技术研究［J］．煤炭科学技术，2019，47（1）：69-78．

[16] 蒋力帅．工程岩体劣化与大采高沿空巷道围岩控制原理研究［D］．北京：中国矿业大学（北京），2016．

[17] 张广超，何富连．大断面强采动综放煤巷顶板非对称破坏机制与控制对策［J］．岩石力学与工程学报，2016，35（4）：806-818．

[18] 钱鸣高，石平五，许家林．矿山压力与岩层控制［M］．徐州：中国矿业大学出版社，2015．

[19] 赵国景，钱鸣高．采场上覆坚硬岩层的变形运动与矿山压力［J］．煤炭学报，1987（3）：1-7．

[20] 潘岳，顾士坦．基于软化地基和弹性地基假定的坚硬顶板力学特性分析［J］．岩石力学与工程学报，2015，34（7）：1402-1414．

[21] 蒋金泉．老顶岩层板结构断裂规律［J］．山东矿业学院学报，1988，7（1）：52-58．

[22] 陈冬冬．采场基本顶板结构破断及扰动规律研究与应用［D］．北京：中国矿业大学（北京），2018．

[23] 何廷峻．工作面端头悬顶在沿空巷道中破断位置的预测［J］．煤炭学报，2000（1）：30-33．

[24] 王卫军，侯朝炯，柏建彪，等．综放沿空巷道顶煤受力变形分析［J］．岩土工程学报，2001

（2）：209-211.

[25] 侯朝炯，李学华.综放沿空掘巷围岩大、小结构的稳定性原理［J］.煤炭学报，2001（1）：1-7.

[26] 王红胜，张东升，李树刚，等.基于基本顶关键岩块 B 断裂线位置的窄煤柱合理宽度的确定［J］.采矿与安全工程学报，2014，31（1）：10-16.

[27] 赵志强，马念杰，刘洪涛，等.巷道蝶形破坏理论及其应用前景［J］.中国矿业大学学报，2018，47（5）：969-978.

[28] 黄万朋.深井巷道非对称变形机理与围岩流变及扰动变形控制研究［D］.北京：中国矿业大学（北京），2012.

[29] 张蓓.厚层放顶煤小煤柱沿空巷道采动影响段围岩变形机理与强化控制技术研究［D］.徐州：中国矿业大学，2015.

[30] 张源，万志军，李付臣，等.不稳定覆岩下沿空掘巷围岩大变形机理［J］.采矿与安全工程学报，2012，29（4）：451-458.

[31] 张广超.综放松软窄煤柱沿空巷道顶板不对称破坏机制与调控系统［D］.北京：中国矿业大学（北京），2017.

[32] 贾后省，潘坤，刘少伟，等.采动巷道煤帮变形破坏规律与控制技术［J］.采矿与安全工程学报，2020，37（4）：689-697.

[33] 康红普，陆士良.巷道底鼓机理的分析［J］.岩石力学与工程学报，1991（4）：362-373.

[34] 姜鹏飞，康红普，王志根，等.千米深井软岩大巷围岩锚架充协同控制原理、技术及应用［J］.煤炭学报，2020，45（3）：1020-1035.

[35] 姜耀东，赵毅鑫，刘文岗，等.深部开采中巷道底鼓问题的研究［J］.岩石力学与工程学报，2004（14）：2396-2401.

[36] 王卫军，侯朝炯.沿空巷道底鼓力学原理及控制技术的研究［J］.岩石力学与工程学报，2004（1）：69-74.

[37] 杨仁树，朱晔，李永亮，等.弱胶结软岩巷道层状底板底鼓机理及控制对策［J］.采矿与安全工程学报，2020，37（3）：443-450.

[38] 华心祝，杨朋.深井大断面沿空留巷底板变形动态演化特征研究［J］.中国矿业大学学报，2018，47（3）：494-501.

[39] 孙利辉，杨本生，孙春东，等.深部软岩巷道底鼓机理与治理试验研究［J］.采矿与安全工程学报，2017，34（2）：235-242.

[40] 谭云亮，刘传孝.巷道围岩稳定性预测与控制［M］.徐州：中国矿业大学出版社，1999.

[41] 董方庭，宋宏伟，郭志宏，等.巷道围岩松动圈支护理论［J］.煤炭学报，1994（1）：21-32.

[42] 侯朝炯，王襄禹，柏建彪，等.深部巷道围岩稳定性控制的基本理论与技术研究［J］.中国矿业大学学报，2021，50（1）：1-12.

[43] 康红普，王金华，林健.高预应力强力支护系统及其在深部巷道中的应用［J］.煤炭学报，2007（12）：1233-1238.

[44] 何满潮，郭志飚.恒阻大变形锚杆力学特性及其工程应用［J］.岩石力学与工程学报，2014，33（7）：1297-1308.

[45] 岳帅帅，谢生荣，陈冬冬，等.15 m 特厚煤层综放高强度开采窄煤柱围岩控制研究［J］.采矿与安全工程学报，2017，34（5）：905-913.

[46] 王波，谷长宛，王军，等.对穿锚索加固作用下沿空掘巷留设煤柱承压性能试验研究［J］.中国矿业大学学报，2020，49（2）：262-270.

[47] 王琦，潘锐，李术才，等.三软煤层沿空巷道破坏机制及锚注控制［J］.煤炭学报，2016，41

（5）：1111-1119.

[48] 姜鹏飞．千米深井巷道围岩支护—改性—卸压协同控制原理及技术［D］．北京：煤炭科学研究总院，2020.

[49] 王志强，仲启尧，王鹏，等．高应力软岩沿空掘巷煤柱宽度确定及围岩控制技术［J］．煤炭科学技术，2021，49（12）：29-37.

[50] 王俊峰．中厚煤层留窄煤柱沿空掘巷支护技术研究［J］．煤炭科学技术，2020，48（5）：50-56.

[51] 刘金海，姜福兴，王乃国，等．深井特厚煤层综放工作面区段煤柱合理宽度研究［J］．岩石力学与工程学报，2012，31（5）：921-927.

[52] 王德超，李术才，王琦，等．深部厚煤层综放沿空掘巷煤柱合理宽度试验研究［J］．岩石力学与工程学报，2014（3）：539-548.

[53] 查文华，李雪，华心祝，等．基本顶断裂位置对窄煤柱护巷的影响及应用［J］．煤炭学报，2014，39（S2）：332-338.

[54] 许兴亮，李俊生，田素川，等．沿空掘巷小煤柱变形分析与中性面稳定性控制技术［J］．采矿与安全工程学报，2016，33（3）：481-485，508.

[55] 王卫军，冯涛．加固两帮控制深井巷道底鼓的机理研究［J］．岩石力学与工程学报，2005，24（5）：808-811.

[56] 杨本生，高斌，孙利辉，等．深井软岩巷道连续"双壳"治理底鼓机理与技术［J］．采矿与安全工程学报，2014，31（4）：587-592.

[57] 江东海，李恭建，马文强，等．复杂节理岩体巷道非均称底鼓机制及控制对策［J］．采矿与安全工程学报，2018，35（2）：238-244.

[58] 贾后省，王璐瑶，刘少伟，等．综放工作面煤柱巷道软岩底板非对称底臌机理与控制［J］．煤炭学报，2019，44（4）：1030-1040.

[59] 文志杰，卢建宇，肖庆华，等．软岩回采巷道底臌破坏机制与支护技术［J］．煤炭学报，2019，44（7）：1991-1999.

[60] 李磊，文志杰．软岩反底拱优化加固技术及应用——以上海庙矿区为例［J］．煤炭学报，2021，46（4）：1242-1252.

[61] 张辉．超千米深井高应力巷道底鼓机理及锚固技术研究［D］．北京：中国矿业大学（北京），2013.

[62] 赵景礼，吴健．厚煤层错层位巷道布置采全厚采煤法：ZL98100544.6［P］．1998-08-19.

[63] 赵景礼．厚煤层全高开采的三段式回采工艺：ZL200410039575.0［P］．2010-02-17.

[64] 王志强．厚煤层错层位相互搭接工作面矿压显现规律研究［D］．北京：中国矿业大学（北京），2009.

[65] 张俊文，刘畅，李玉琳，等．错层位沿空巷道围岩结构及其卸让压原理［J］．煤炭学报，2018，43（8）：2133-2143.

[66] 王朋飞．非充分采动采空区与煤岩体采动应力协同演化机理［D］．北京：中国矿业大学（北京），2017.

[67] 吴志刚．近水平综放开采沿空掘巷煤柱承载机理及应用研究［D］．北京：煤炭科学研究总院，2020.

[68] 何富连，张广超．大断面采动剧烈影响煤巷变形破坏机制与控制技术［J］．采矿与安全工程学报，2016，33（3）：423-430.

[69] 何文瑞，何富连，陈冬冬，等．坚硬厚基本顶特厚煤层综放沿空掘巷煤柱宽度与围岩控制［J］．采矿与安全工程学报，2020，37（2）：349-358.

[70] 刘增辉, 高谦, 华心祝, 等. 沿空掘巷围岩控制的时效特征 [J]. 采矿与安全工程学报, 2009, 26 (4): 465-469.

[71] 付玉凯, 张镇, 王涛. 深部煤柱留巷"卸—支—注"协同控制原理及实践 [J]. 采矿与安全工程学报, 2020, 37 (5): 881-889.

[72] 王猛, 柏建彪, 王襄禹, 等. 深部倾斜煤层沿空掘巷上覆结构稳定与控制研究 [J]. 采矿与安全工程学报, 2015, 32 (3): 426-432.

[73] 王博, 姜福兴, 朱斯陶, 等. 陕蒙接壤深部矿区区段煤柱诱冲机理及其防治 [J]. 采矿与安全工程学报, 2020, 37 (3): 505-513.

[74] 齐庆新, 李一哲, 赵善坤, 等. 我国煤矿冲击地压发展 70 年: 理论与技术体系的建立与思考 [J]. 煤炭科学技术, 2019, 47 (9): 1-40.

[75] 冯龙飞, 窦林名, 王皓, 等. 综放大煤柱临空侧巷道密集区冲击地压机制研究 [J]. 采矿与安全工程学报, 2021, 38 (6): 1100-1110.

[76] 乔建永. 地下连续开采技术的动力学原理及应用研究 [J]. 煤炭工程, 2022, 54 (1): 1-10.

[77] 闫少宏, 吴健. 放顶煤开采顶煤运移实测与损伤特性分析 [J]. 岩石力学与工程学报, 1996, 15 (2): 155-162.

[78] 王志强, 郭磊, 苏泽华, 等. 倾斜中厚煤层错层位外错式巷道布置及相邻巷道联合支护技术 [J]. 煤炭学报, 2020, 45 (2): 542-555.

[79] 王志强, 王鹏, 石磊, 等. 基于沿空巷道围岩应力分析的防冲机理研究 [J]. 中国矿业大学学报, 2020, 49 (6): 1046-1056.

[80] 王志强, 王鹏, 吕文玉, 等. 沿空巷道非对称底鼓机理及防控研究 [J]. 采矿与安全工程学报, 2021, 38 (2): 215-226.

[81] 刘金海, 杨伟利, 姜福兴, 等. 先裂后注防治冲击地压的机制与现场试验 [J]. 岩石力学与工程学报, 2016, 36 (12): 3040-3049.

[82] 康红普, 张晓, 王东攀, 等. 无煤柱开采围岩控制技术及应用 [J]. 煤炭学报, 2022, 47 (1): 16-44.

[83] 韩昌良. 沿空留巷围岩应力优化与结构稳定控制 [D]. 徐州: 中国矿业大学, 2013.

[84] 吴绵拔. 加载速率对岩石抗压和抗拉强度的影响 [J]. 岩土工程学报, 1982 (2): 97-106.

[85] 尹小涛, 葛修润, 李春光, 等. 加载速率对岩石材料力学行为的影响 [J]. 岩石力学与工程学报, 2010, 29 (S1): 2610-2615.

[86] 王家臣. 极软厚煤层煤壁片帮与防治机理 [J]. 煤炭学报, 2007 (8): 785-788.

[87] 康红普. 我国煤矿巷道锚杆支护技术发展 60 年及展望 [J]. 中国矿业大学学报, 2016, 45 (6): 1071-1081.

图书在版编目（CIP）数据

特厚煤层窄煤柱沿空巷道变形机理与错层位布控研究/
王鹏等著 . --北京：应急管理出版社,2023
ISBN 978-7-5020-9121-7

Ⅰ.①特… Ⅱ.①王… Ⅲ.①特厚煤层—沿空巷道—
巷道围岩—研究　Ⅳ.①TD263.5

中国国家版本馆 CIP 数据核字（2023）第 200615 号

特厚煤层窄煤柱沿空巷道变形机理与错层位布控研究

著　　者	王鹏　王志强　苏越　刘会景
责任编辑	武鸿儒
责任校对	李新荣
封面设计	安德馨

出版发行　应急管理出版社（北京市朝阳区芍药居 35 号　100029）
电　　话　010-84657898（总编室）　010-84657880（读者服务部）
网　　址　www.cciph.com.cn
印　　刷　北京虎彩文化传播有限公司
经　　销　全国新华书店

开　　本　787mm×1092mm$^1/_{16}$　印张　12　字数　260 千字
版　　次　2023 年 11 月第 1 版　2023 年 11 月第 1 次印刷
社内编号　20193072　　　　　　定价　36.00 元